装配式施工技术

主　编	刘　庆　马祥华　陈　斌
副主编	张小锋　苏　军　胡人予
参　编	高林华　罗祖德
主　审	刘友林　张　容

U0264011

北京理工大学出版社
BEIJING INSTITUTE OF TECHNOLOGY PRESS

内 容 简 介

　　装配式建筑承载了建筑现代化和实现绿色建筑的重要使命，也是建筑业走向智能化的过渡步骤之一。装配式建筑大潮的兴起要求每一个建筑业从业者都要进行知识更新，不仅要掌握装配式建筑的知识和技能，还应当形成面向未来的创新意识并具有创新能力。

　　本书内容丰富、通俗易懂、针对性强，较为系统地介绍了装配式施工技术，主要内容包括建筑产业化的背景与现状、建筑产业化工作（工艺）流程；预制装配式混凝土住宅工艺流程、工程实例；装配式框架结构施工工艺流程与施工技术、工程实例；全预制装配式剪力墙结构施工工艺、工程实例；高层 PC 项目施工组织设计案例分析、工程实例。

　　本书可作为建筑工程施工专业的教材，也可作为现场施工管理人员的参考用书。

图书在版编目（CIP）数据

装配式施工技术／刘庆，马祥华，陈斌主编. -- 北京：北京理工大学出版社，2021.11
　ISBN 978-7-5763-0782-5

　Ⅰ.①装… Ⅱ.①刘… ②马… ③陈… Ⅲ.①装配式混凝土结构-混凝土施工 Ⅳ.①TU755

中国版本图书馆 CIP 数据核字（2021）第 258871 号

出版发行 /	北京理工大学出版社有限责任公司
社　　址 /	北京市海淀区中关村南大街 5 号
邮　　编 /	100081
电　　话 /	(010)68914775(总编室)
	(010)82562903(教材售后服务热线)
	(010)68944723(其他图书服务热线)
网　　址 /	http://www.bitpress.com.cn
经　　销 /	全国各地新华书店
印　　刷 /	定州市新华印刷有限公司
开　　本 /	889 毫米×1194 毫米　1/16
印　　张 /	14.5
字　　数 /	279 千字
版　　次 /	2021 年 11 月第 1 版　2021 年 11 月第 1 次印刷
定　　价 /	75.00 元

责任编辑／张荣君
文案编辑／张荣君
责任校对／周瑞红
责任印制／边心超

前 言

FOREWORD

自国务院办公厅于 2016 年 9 月 30 日出台《关于大力发展装配式建筑的指导意见》、住房和城乡建设部于 2017 年 1 月 10 日颁布《装配式混凝土建筑技术标准》以来，建筑业相关各个领域，有关装配式建筑的科技创新技术研究、试点应用、教学实践，特别是 BIM 技术与装配式建筑融合技术等，方兴未艾；各地为了落实装配式建筑这种新型产业，相继出台了各类扶持政策，为装配式建筑落地生根提供了丰富土壤。与此同时，国家明确提出"力争用 10 年左右的时间，使装配式建筑占新建建筑面积的比例达到 30%"的目标。因此，按期完成既定目标，培养成千上万名技术技能应用人才刻不容缓。

教育必须服务社会经济发展，服从当前经济结构转型升级需求。土建类专业如何实现装配式建筑"标准化设计、工厂化生产、装配化施工、一体化装修、信息化管理和智能化应用"，全面提升建筑品质、建筑业节能减排和可持续发展目标，人才培养是一项艰苦而又迫切的任务。

教材是实现教育目的的主要载体。教学改革的核心是课程改革，而课程改革的中心又是教材改革。教材内容与编写体例从某种意义上决定了学生从该门课程中能学到什么样的知识，掌握什么样的技术技能，养成什么样的综合素质，形成什么样的逻辑思维习惯，等等。因此，教材质量的好坏，直接关系到人才培养的质量。

本书编写具有以下特色：

第一，紧贴规范标准，对接职业岗位。学校与企业合作开发课程，根据装配式施工技术规范、工艺、施工、技术和职业岗位的任职要求，改革课程体系和教学内容，突出职业能力。

第二，服从一个目标，体现两个体系。本书在编写中注重理论教学体系和实践教学体系的深度融合。教材内容紧贴生产和施工实际，理论的阐述、实验实训内容和范例有鲜明的应用实践性和技术实用性。注重对学生实践能力的培养，体现技术技能、应用型人才的培养要求，彰显实用性、直观性、适时性、新颖性和先进性等特点。

第三，革新传统模式，呈现互联网技术。本书革新传统教材编写模式，较充分地运用互联网技术和手段，将技术标准生产工艺与流程，以及施工技术各环节，以生动、灵活、动态、重复、直观等形式配合课堂教学和实训操作，如二维码等融入，形成较为完整的教学资源库。

本书由刘庆、马祥华和陈斌担任主编，张小锋、苏军、胡人予担任副主编，高林华、罗祖德参加编写，刘友林、张容担任主审。具体编写分工如下：高林华和罗祖德编写课程准备，刘庆和马祥华编写项目1，陈斌编写项目2，张小锋和苏军编写项目3，胡人予编写项目4。全书由刘庆统稿。

编者在编写本书的过程中得到了众多同行的支持与帮助，在此向他们表示衷心的感谢！

由于编者水平有限，加之时间仓促，恳请广大读者批评指正！

编者

目 录

CONTENTS ···

了解建筑产业化

0.1 建筑产业化的背景与现状

建筑产业化
定义

0.1.1 建筑产业化的定义及特点

建筑产业化是指运用现代化管理模式，通过标准化的建筑设计以及模数化、工厂化的部品生产，实现建筑构部件的通用化和现场施工的装配化、机械化。《装配式混凝土建筑技术标准》(GB/T 51231—2016)中给出明确定义：装配式建筑——结构系统、外围护系统、设备与管线系统、内装系统的主要部分采用预制部品部件集成的建筑。

新型建筑工业化是新型工业化的构成部分，是建筑产业现代化的重要途径。其目的是：提高建筑工程质量、效率和效益；改善劳动环境，节省劳动力；促进建筑节能减排、节约资源。其重点是：现代工业化、信息化技术[如 BIM(building information modeling，建筑信息模型)]在传统建筑业的集成应用，促进建筑生产方式转变和建筑产业转型升级。

装配式混凝土建筑和现浇混凝土建筑相比的主要特点如下。

1)主要构件在工厂或现场预制，采用机械化吊装(图0.1)，可以与现场各专业施工同步进行，具有施工速度快、有效缩短工程建设周期、有利于冬期施工的特点。

2)构件预制采用定型模板平面施工作业代替现浇结构立体交叉作业，具有生产效率高、产品质量好、安全环保、有效降低成本的特点。

3)在预制构件生产环节采用反打一次成型工艺或立

图 0.1 叠合板安装

模工艺等将保温、装饰、门窗附件等特殊要求的功能高度集成，可以减少物料损耗和施工工序。

4）对从业人员的技术管理能力和工程实践经验要求较高，装配式建筑的设计、施工应做好前期策划，具体包括工期进度计划、构件标准化深化设计及资源优化配置方案等。

0.1.2　PC 项目简介与概念

PC 结构（prefabricated concrete structure）是预制装配式混凝土结构的简称，是以预制混凝土构件为主要构件，经装配、连接部分现浇而形成的混凝土结构。PC 构件是由构件加工单位工厂化制作而成的成品混凝土构件。

PC 项目在当今世界建筑领域中的运用形式，在各国和各地区有所不同，在国内尚属开发、研究阶段，其主要特点如下。

1）产业化流水预制构件工业化程度高。

2）成型模具和生产设备一次性投入后可重复使用，耗材少，节约资源和费用。

3）现场装配、连接，可避免或减轻施工对周边环境的影响。

4）预制装配工艺的运用可使劳动力资源投入相对减少。

5）机械化程度有明显提高，使操作人员劳动强度得到有效缓解。

6）预制构件外装饰工厂化制作，直接浇捣于混凝土中，建筑物外墙无湿作业，不采用外脚手架，不产生落地灰，使扬尘得到抑制。

7）预制构件的装配化使工程施工周期缩短。

8）工厂化预制混凝土构件不采用湿作业，减少现浇混凝土浇捣，避免了垃圾源的产生；搅拌车、固定泵以及湿作业的操作工具洗清，使大量废水和废浆污染源得到抑制。

9）采用预制混凝土构件，减少了建筑材料运输、装卸、堆放、控料过程中各种车辆行驶引起的扬尘。

10）工厂化预制构件采用吊装装配工艺，无须泵送混凝土，避免了固定泵产生噪声；模板安装、拼装时，在工艺上避免了锤子锤击的声音。

11）预制装配施工基本不需要夜间施工，减少了夜间照明对附近环境的生活影响，降低了光污染。

PC 结构有框剪结构和剪力墙体系等多种形式。对于框剪结构体系，结构的竖向及水平受力均由框架和剪力墙承担。预制外墙为围护构件，只承担自重和由自身重力引起的地震作用和风载。楼板及阳台采用叠合板时，设计一般采用单向板形式。楼梯采用预制混凝土装配式成品楼梯时，有"先搁置，后连接"和"先结构，后吊装"两种形式。

剪力墙结构体系通常采用 PCF(prefabricated concrete formwork)构件,即预制构件外墙模。由构件加工制作而成的成品预制构件外墙模,通过与外墙内衬现浇混凝土结构连接,用于建筑外墙的外表面围护体系。

在外墙装配前,PC 结构外墙装配式构件饰面砖由工厂化生产完成。外墙饰面砖由供应商通过特殊工厂化加工处理和制作后,在预制构件成品制作时事先与构件模具粘贴、固定,直接与构件混凝土浇捣连接在一起,无须另行安排现场面砖铺贴施工,避免了现场外墙湿作业和外墙施工粉尘的产生,也可以防止面砖脱落。外门窗采用断热型系列铝合金门窗,其中门窗框在外墙装配前,在加工厂内安装,与构件混凝土浇捣在一起。

0.2　建筑产业化工作(工艺)流程

建筑产业化工作(工艺)流程如图 0.2 所示。

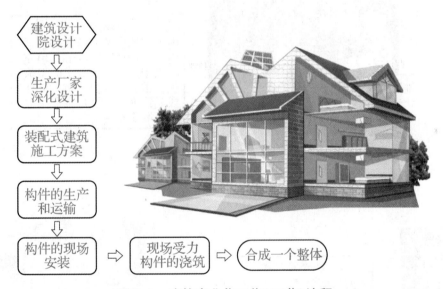

图 0.2　建筑产业化工作(工艺)流程

0.2.1　装配式建筑图纸设计

先由建筑设计院进行设计,然后由生产厂家深化设计,出具相应的施工图,再通过建筑设计院复核后实施。

0.2.2 装配式建筑施工方案

1)装配式构件的生产及运输方案由生产厂家编制。

2)现场装配式施工方案由施工总承包单位编制。

0.2.3 构件的工业化生产

（1）生产的构件种类

生产的构件主要有剪力墙、主次梁、楼板。

1)预制剪力墙，底部预埋钢筋对接套筒，腰部预留拉件孔，顶部预留次梁安装口，其他周边预留连接钢筋，如图0.3~图0.5所示。

内填充
内填充墙由填充墙及叠合梁组成，构件厚200mm，填充物采用达到防火要求的聚苯板，钢筋骨架由$C3@100$的成品钢筋网片及加强筋组成，填充墙不承重。

图0.3 预制内填充墙

外剪力墙
外剪力墙厚度为300mm，中间夹有50mm厚挤塑聚苯板作为保温层，并通过拉接件连接内外页，构件连接方式采用内页预埋半灌浆套筒连接，内页两侧外露箍筋抵抗剪力。

图0.4 预制外剪力墙   图0.5 预埋套筒

2)预制梁浇至板底、两端及上部预留连接钢筋，如图0.6和图0.7所示。

图 0.6 主梁预留次梁安装位置

图 0.7 预制梁预留钢筋位置

3)预制楼板只制作一半(约 8cm,兼作模板),上面预留约 6cm 现浇混凝土,除底部外的其他三面预留连接钢筋、线管穿插孔洞(图 0.8)。

图 0.8 预制楼板的两种类型

(2)构件的工业化生产流程

钢筋制作→钢筋安装(含套筒)→浇筑混凝土→构件的初级养护→毛化处理→蒸汽养护→检验合格→打二维码准备出品,如图 0.9~图 0.13 所示。

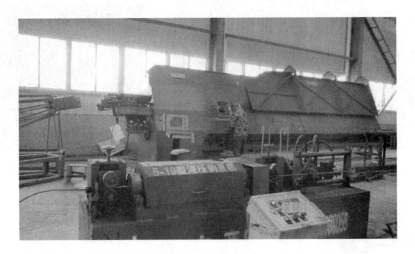
图 0.9 钢筋制作

图 0.10 钢筋安装

图 0.11 浇筑混凝土

图 0.12 毛化处理   图 0.13 构件二维码

0.2.4 构件运输

这么多的构件会使相关人员混乱吗?

不会! 每个构件都办了"身份证"——二维码,载明构件名称、具体部位等,由厂家负责运输，按时运到现场指定地方堆放(图 0.14 和图 0.15)。

图 0.14 预制楼板运输　　　　　　图 0.15 预制剪力墙运输

0.2.5 现场装配式施工

(1)预制剪力墙安装

放线定位→预制剪力墙安装(图 0.16)→底部套入预埋钢筋→固定(水平定位，垂直度由可以旋调的斜撑调节)→底部固定套管灌浆(图 0.17)。

吊装预埋件

图 0.16 预制剪力墙安装

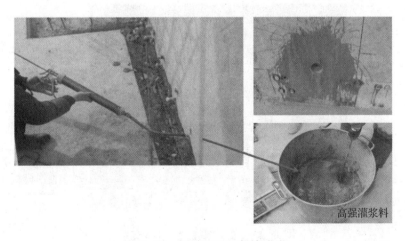

高强灌浆料

图 0.17 底部固定套管灌浆

（2）现浇竖向受力构件施工

1）竖向受力构件（暗柱）钢筋、模板安装（图1.18）。

图0.18 剪力墙板支撑

2）竖向受力构件（暗柱）混凝土浇筑（图0.19）。

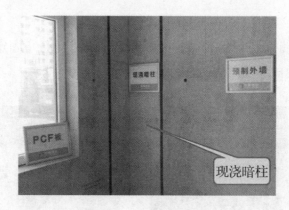

图0.19 墙板现浇暗柱

（3）主梁模板、钢筋安装

主梁模板、钢筋安装如图0.20所示。

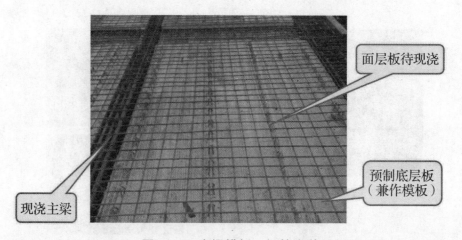

图0.20 主梁模板、钢筋安装

(4)预制梁、板安装

1)主、次梁吊装如图 0.21 所示。

图 0.21　主、次梁吊装

2)预制楼板吊装如图 0.22 所示。

预制底层板
(兼作模板)

图 0.22　预制楼板吊装

(5)现浇楼板施工

1)安装楼板钢筋和线管(图 0.23)。

图 0.23　安装楼板钢筋和线管

2) 现浇楼板面层及连接点混凝土，所有构件合成整体(图 0.24)。

图 0.24　现浇楼板面层及连接点混凝土

　　这个环节和传统楼面混凝土浇筑基本相同，首先对强度高连接点(剪力墙、柱上部)混凝土进行浇筑，然后浇筑主梁、楼板面层混凝土。至此，所有构件合成整体，构成一个完整的受力体系。

(6)预制楼梯安装

预制楼梯安装如图 0.25 所示。

图 0.25　预制楼梯安装

(7)装饰装修施工

　　装配式主体施工与普通工艺施工工期相差不多，但装配式施工的装修阶段较快，至少可缩短 1/3 的工期(图 0.26)。

装配式装修
是什么

图 0.26　装饰装修施工

国内外均有少数工业化程度高的施工项目外墙已完成装饰层、整体卫生间等(图 0.27)。

图 0.27 整体卫浴安装

预制装配式混凝土住宅项目

1.1 知识准备：预制装配式混凝土住宅工艺流程

1.1.1 装配式住宅设计

1. 设计标准和规范图集

《装配式混凝土建筑技术标准》（GB/T 51231—2016）中给出的支撑装配式建筑的四大系统如下。

1）结构系统：由结构构件通过可靠的连接方式装配而成，以承受或传递荷载作用的整体。

2）外围护系统：由建筑外墙、屋面、外门窗及其他部品部件等组合而成，用于分隔建筑室内外环境的部品部件的整体。

3）设备与管线系统：由给水排水、供暖通风空调、电气和智能化、燃气等设备与管线组合而成，满足建筑使用功能的整体。

4）内装系统：由楼地面、墙面、轻质隔墙、吊顶、内门窗、厨房和卫生间等组合而成，满足建筑空间使用要求的整体。

2. 设计关键技术

（1）设计目的和内容

设计目的是为建筑工业化生产设计出可行的预制节点方案。设计内容包括预制外墙板、预制楼梯、预制楼板、预制阳台，其中预制外墙板分框剪结构方案和剪力墙结构方案。

（2）预制外墙板

1）预制外墙板防水做法。预制外墙板防水做法包括空腔构造防水、材料密封防水、连接处设膨胀止水条防水。

2）预制构件设计与节点。采用 160mm 厚预制外墙板与框架柱外挂叠合连接，预制外墙板时在板四侧预留企口，并在墙板左右两侧及板顶端预留钢筋，待板安装就位后通过浇筑梁、柱、楼板混凝土将外墙板与结构柱连为一个整体，同时墙板边缘企口相互咬合形成构造空腔，空腔通过导流管与大气连通。外墙缝表面用高分子密封材料封闭。

（3）预制构件设计特点

整个建筑外立面均被预制外墙板覆盖，外饰面可在工厂完成，以减少高空湿作业，改善工人操作环境；缝的类型较为单一；每条拼接竖缝处有现浇混凝土柱，使水汽渗透路线加长，防水性好；能提高建筑的工业化程度，符合建筑工业化的要求。

其不足之处在于外墙板的四侧均需设置企口，且板厚较小，在制作及运输、安装过程中需要特别注意对成品的保护。

🔧 3. 设计与应用

（1）预制外墙

采用钢筋混凝土框架-剪力墙结构，外墙采用预制装配构件，结构的竖向及水平受力均由框架和剪力墙承担。预制外墙为围护构件，只承担自重、自身地震作用和风载。结构特点符合现行国家和地方结构规范，结构受力明确，抗震性能好。

框架抗震等级为三级，剪力墙抗震等级为二级。经结构试算，采用本方案的周期、周期比、位移、位移比、剪重比、有效质量系数等指标均满足要求。

优点：结构传力明确、抗震性能好、应用预制外墙技术方便，工业化程度高、节点处理较好、可充分发挥预制外墙的优点、预制外墙较薄可使有效面积增大。

缺点：结构受力构件框架梁、框架柱均有部分外露，尤其是框架柱外露较多，对使用和房间美观有一定的影响。

（2）预制叠合楼板

预制楼板由于其受力特点与计算模型基本假定不符，在抗震设计中应用受到很大限制。

预制叠合板目前在国内工程中应用较少，但在国外混凝土结构中应用广泛。预制叠合楼板具有不用施工楼板支模、现场施工方便、板底免粉刷、施工速度快、可以大量使用焊接钢筋网片等优点，但要求满足施工和正常使用两种工况来计算配筋和板厚，一般厚度和配筋比现浇楼板大。预制板在装配过程中对临时支撑平整度要求较高。

（3）设计详图

1）预制外墙构件（图 1.1）。

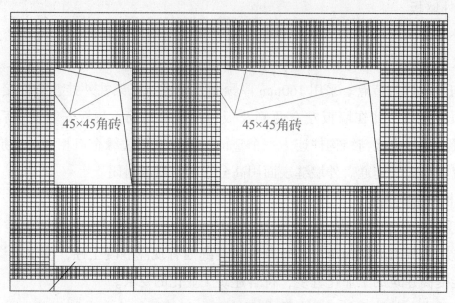

图 1.1 预制外墙构件图

2)预制叠合楼板(图 1.2)。

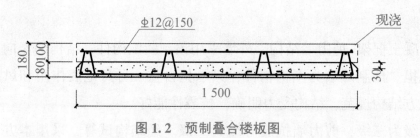

图 1.2 预制叠合楼板图

3)预制阳台板(图 1.3)。

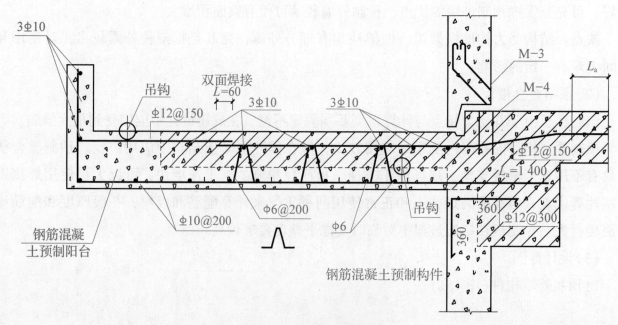

图 1.3 预制阳台板图

4)预制楼梯(图1.4)。

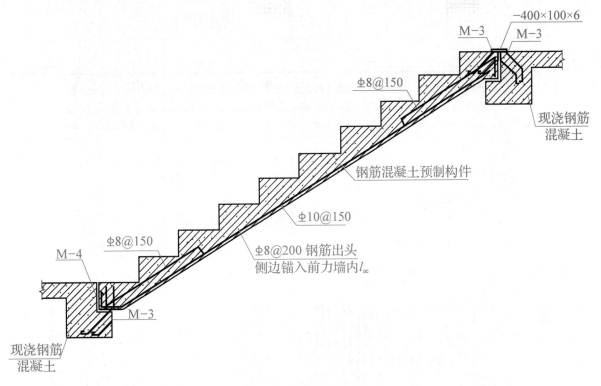

图 1.4 预制楼梯图

5)节点详图(先柱梁结构，后外墙构件)。

①预制外墙构件节点详图如图1.5所示。

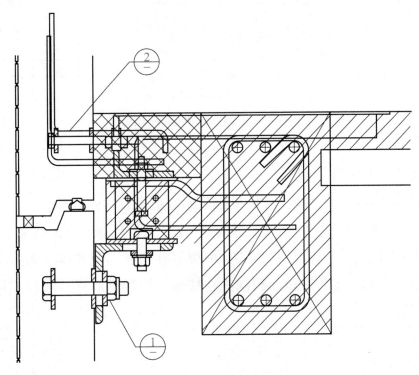

图 1.5 预制外墙构件节点详图

②预制叠合楼板节点详图如图 1.6 所示。

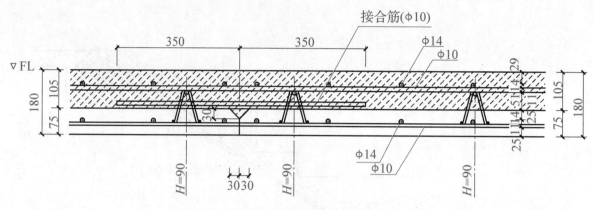

图 1.6　预制叠合楼板节点详图

③预制阳台板连接节点如图 1.7 所示。

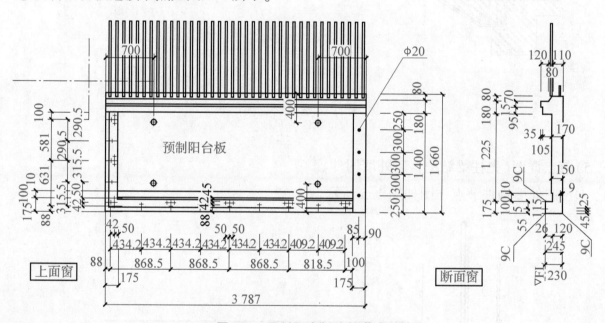

图 1.7　预制阳台板连接节点

④预制楼梯连接节点如图 1.8 所示。

结构形式采用框架-剪力墙结构，外墙采用预制墙板可以达到工业化、产业化生产。应用预制技术方便、工业化程度高，节点处理较好，可充分发挥预制构件的优点，预制外墙较薄，可使有效面积增大。但是采用这种结构形式，框架梁柱均有部分外露，尤其是框架柱外露较多，对使用和房间美观有一定的影响。预制叠合楼板、焊接钢筋网片可以工厂化生产，进一步提高工厂化生产效率。

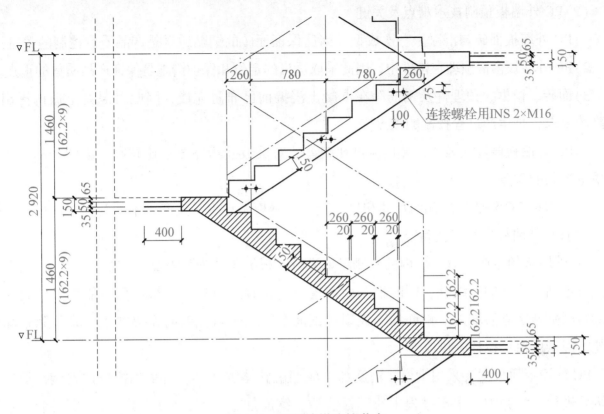

图 1.8 预制楼梯连接节点

1.1.2 预制构件的制作与生产工艺

1. PC 外墙板预制技术

（1）产品概况

PC 外墙板板厚有 160mm、180mm 等，由于外饰面砖及窗框在预制过程中完成，在现场吊装后只需安装窗扇及玻璃即可（图 1.9）。这样现场施工提供了很大的方便，但同时对构件生产提出了很高的要求，是对生产工艺和生产技术的一次新挑战。

图 1.9 PC 外墙板

（2）PC外墙板预制技术难点及关键

1）PC外墙板面砖与混凝土一次成型，因此保证面砖的铺贴质量是产品质量控制的关键。

2）PC外墙板窗框预埋在构件中，因此采取适当的定位和保护措施是保证产品质量的重点。

3）面砖、窗框、预埋件及钢筋等在混凝土浇捣前已布置完成，因此对混凝土振捣提出了很高的要求，是生产过程控制的重点。

4）PC外墙板厚度比较小，侧向刚度比较差，对堆放及运输要求比较高，因此产品保护也是质量控制的重点。

5）要保证PC外墙板的几何尺寸和尺寸变化，钢模设计也是生产技术的关键。

（3）PC外墙板生产工艺确定

PC外墙板的生产布置在厂内的西侧场地进行，根据生产进度需要直排布置6个生产模位。蒸汽管道利用原有的外线路，同时根据生产模位的位置进行布置。构件蒸养脱模后，直接吊至翻转区翻转竖立后堆放。钢筋加工成型在钢筋车间内进行，钢筋骨架在生产模位附近场地绑扎。混凝土由厂搅拌站供应。

PC外墙板模板主要采用钢模，钢筋加工成型后整体绑扎，然后吊到模板内安装，混凝土浇筑后进行蒸汽养护。生产过程中的模板清洁、钢筋加工成型、面砖粘贴、窗框安装、预埋件固定、混凝土施工及蒸汽养护、拆模搬运等工序均采用工厂式流水施工，每个工种都由相对少数固定的熟练工人操作实施。

PC外墙板生产工艺流程详图如图1.10所示。

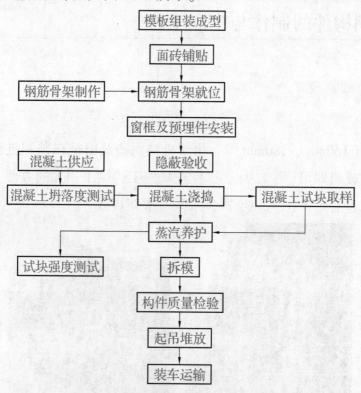

图1.10 PC外墙板生产工艺流程详图

🔧 2. 模具设计与组装技术

（1）模具设计

根据建筑变化的需要及安装位置的不同，PC 外墙板的尺寸形状变化较为复杂，同时对墙板的外观质量和外形尺寸的精度要求也很高。外形尺寸的长度和宽度误差均不得大于 3mm，弯曲也应小于 3mm。这些都给模具设计和制作增加了难度，要求模板在保证一定刚度和强度的基础上，既要有较强的整体稳定性，又要有较高的表面平整度，并且容易安装和调整，以适应不同外形尺寸 PC 外墙板生产的需要。经过认真分析研究，结合 PC 外墙板的实际情况，最终确定如下模板配置方案：模板采用平躺结构，整个结构由底模、外侧模和内侧模组成（图 1.11）。

此方案能够使外墙板正面和侧面全部与模板密贴成型，使墙板外露面能够做到平整光滑，对墙板外观质量起到一定的保证作用。外墙板的翻身主要利用吊环转 90° 即可正位。

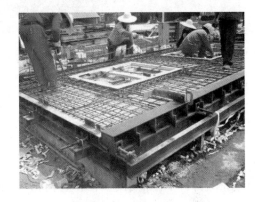

图 1.11　预制板生产

（2）模具组装

1）底模安装就位。在生产模位区，根据 PC 外墙板生产的操作空间进行钢模的布置排列。底模就位后，先对其进行水平测试，以防外墙板因底模不平而产生翘曲。底模校准后，底模四周采用膨胀螺栓固定于混凝土地坪上，这样可以防止底模在生产过程中移位走动而影响产品质量。模板的组装采用可调螺杆进行精确定位，避免了采用木块定位的缺陷，在很大程度上保证了模板尺寸的精度。

2）模板组装要求。钢模组装前，模板必须清理干净，不留水泥浆和混凝土薄片，模板隔离剂不得有漏涂或流淌现象。模板的安装与固定，要求平直、紧密、不倾斜、尺寸准确。此外，由于端模固定的正确与否直接关系到墙板的长度尺寸，端模固定采用螺栓定位销的方法。同时，为了保证模板精度，还应定期测量底模的平整度，保证出现偏差时能够及时调整。

🔧 3. 预制构件生产技术操作要求

（1）面砖制作与铺贴

1）面砖制作。本次 PC 外墙板使用 45mm×45mm 小块瓷砖，且瓷砖在工厂预制阶段与混凝土一次成型。如果将瓷砖像现场粘贴一样逐块贴在模板上，必然会出现瓷砖对缝不齐的现象，严重影响建筑的整体美观效果。为此，在 PC 外墙板预制中使用瓷砖。瓷砖是成片的面砖和成条的角砖。它们是在专用的面砖模具中放入面砖并嵌入分格条，压平后粘贴保护贴纸并用专用工具压粘牢固而制成的（图 1.12）。

图 1.12　面砖制作

平面面砖每片大小为 300mm×600mm，角砖每条长度为 600mm。平面面砖之间的连接采用内镶泡沫塑料网格嵌条、外贴塑料薄膜粘纸的方式将小块瓷砖连成片。角砖以同样的方式连成条。

2）面砖铺贴。因为 PC 外墙板的面砖与混凝土一次成型，现场不再进行其他操作，所以面砖的粘贴质量直接影响建筑的美观效果，面砖铺贴过程的质量控制十分关键。面砖粘贴前必须先将模具清理干净，不得留有混凝土碎片和水泥浆等。为了保证面砖间缝的平直，先在底模面板上按照每片面砖的大小进行画线，然后进行试贴。即先将面砖铺满底模，检查面砖间缝横平竖直后再正式粘贴。铺贴面砖时，先将专用双面胶布从底部开始向上粘贴，再将面砖粘贴在底模上。面砖粘贴过程中要保证空隙均匀，线条平直，保证对缝（图 1.13）。钢模内的面砖粘贴一定要相对牢固，以防浇捣混凝土时发生移动。

图 1.13　面砖铺贴

此外，为了保证面砖不被损坏，在钢筋入模时先使钢筋骨架悬空，即预先在面砖上垫放木块，先将钢筋骨架放在木块上，再移去木块缓慢放下钢筋骨架。这样处理可以防止钢筋入模时压碎瓷砖，或使瓷砖发生移动。

（2）窗框及预埋件安装（图1.14）

图1.14　窗框及预埋件安装

1）窗框制作。由于PC外墙板的窗框直接预埋在构件中，在窗框节点的处理上有一些不同于现场安装之处，如需要考虑铝窗框与混凝土的锚固性等。为此，铝窗加工单位在根据图纸确定窗框尺寸的同时，还要考虑墙板的生产可行性。此外，在铝窗加工完成后，要采取贴保护膜等保护措施，在窗框的上下、左右、内外方向做好标志，同时提供金属拉片等辅助部件。

2）窗框安装。首先根据图纸尺寸要求将窗框固定在模板上，注意窗框的上下、左右、内外不能装错。窗框固定采用在窗框内侧放置与窗框等厚木块的方法来进行，木块再通过螺栓与模板固定在一起，这样可以保证铝窗框在混凝土成型振动过程中不发生变形。窗框和混凝土的连接主要依靠专用金属拉片来固定，其设置间距为40cm以内。墙板的整个预制过程都要做好对铝窗的保护工作。用塑料布对窗框做好遮盖，防止污染；在生产、吊装完成之前，禁止撕掉窗框的保护贴纸。窗框与模板接触面采用双面胶密封保护。

3）预埋件安装。因为预埋件的位置和质量直接关系现场施工，所以采用专门的吸铁钻在模板上进行精确打孔，以严格控制预埋件的位置及尺寸。此外，预埋螺孔定位以后，要用配套螺栓将其拧好，防止在生产过程中进入垃圾，发生堵塞，待构件出厂时再将这些螺栓拆下。

（3）钢筋骨架

1）钢筋成型。

①半成品钢筋切断、对焊、成型均在钢筋车间进行。钢筋车间按配筋单加工，应严格控制尺寸，个别超差应不大于允许偏差的1.5倍。

②钢筋弯曲成型应严格控制弯曲直径。HPB235级钢筋弯180°时，$D \geq 2.5d$；HRB335、HRB400级钢筋弯135°时，$D \geq 4d$；钢筋弯折小于90°时，$D \geq 5d$（其中，D为弯芯直径，d为钢筋直径）。

③钢筋对焊应严格按《钢筋焊接及验收规程》（JGJ 18—2012）操作，对焊前应做好班前试验，并以同规格钢筋一周内累计接头300只为一批进行三拉三弯实物抽样检验。

④半成品钢筋运到生产场地后，应分规格挂牌、分别堆放。

2)钢筋骨架成型。因为 PC 外墙板属于板类构件,钢筋的主筋保护层厚度相对较小,所以钢筋骨架的尺寸必须准确。钢筋骨架成型采用分段拼装的方法,即操作人员预先在模外绑扎小梁骨架,然后在模内整体拼装连接。钢筋保护层采用专用塑料支架,以确保保护层厚度的准确性(图 1.15)。

图 1.15 钢筋骨架成型

(4)混凝土浇捣

1)浇捣前,应对模板和支架、已绑好的钢筋和预埋件进行检查,逐项检查合格后,方可浇捣混凝土。检查时,应重点注意钢筋有无油污现象、预埋件位置是否正确等。

2)采用插入式振动器振捣混凝土时,为了不损坏面砖,不采用以往振动棒竖直插入振捣的方式,而是采用平放的方法,将面砖在生产过程中的损坏降到最低程度。混凝土应振到停止下沉,无显著气泡上升,表面平坦一致,呈现薄层水泥浆为止。

3)浇筑混凝土时,还应经常注意观察模板、支架、钢筋骨架、面砖、窗框、预埋件等的情况。如发现异常,应立即停止浇筑,并采取措施解决后再继续进行。

4)浇筑混凝土应连续进行,如因故必须间歇,应不超过下列允许间歇时间:

①当气温高于 25℃时,允许间歇时间为 1h。

②当气温低于 25℃时,允许间歇时间为 1.5h。

5)混凝土浇捣完毕后,要进行抹面处理。以往常用的方法是先人工用木板抹面再用抹刀抹平,但是因墙板面积较大,采用这种方法难以保证表面平整度和尺寸精度。为了确保外墙板的质量,采用铝合金直尺抹面,从而将尺寸误差精确地控制在 3mm 以内(图 1.16)。

图 1.16 外墙板抹面

6)混凝土初凝时，应对构件与现浇混凝土连接的部位进行拉毛处理，拉毛深度 1mm 左右，条纹顺直，间距均匀整齐。

（5）蒸汽养护

PC 外墙板属于薄壁结构，易产生裂缝，故宜采用低温蒸汽养护。蒸养在原生产模位上，采用在专门定制的可移动式蒸养罩内通蒸汽的方法进行（图 1.17）。这样不仅保证了充足的生产操作空间，还在很大程度上提高了预制构件的养护质量，确保脱模起吊与出厂运输的强度符合设计要求。

图 1.17　蒸汽养护

1)蒸汽由厂内中心锅炉房通过专用管道供应至生产区，通过分汽缸将汽送至各生产模位，经各模位的蒸汽管均匀喷汽进行蒸养。

2)蒸养分为静停、升温、恒温和降温 4 个阶段。静停一般可从混凝土全部浇捣完毕开始计算，升温速度不得大于 15℃/h，恒温时段温度控制为（55±2）℃，降温速度不宜大于 10℃/h。

蒸养顺序为：静停 $\xrightarrow{2h}$ 升温 $\xrightarrow{2h}$ 恒温 $\xrightarrow{7h}$ 降温 $\xrightarrow{3h}$ 结束。

当蒸养环境温度小于 15℃时，需适当延长升温和降温时间。

3)当墙板的温度与周围环境温度差不大于 20℃时，才可以拉开蒸养罩。

🔧 4. 预制构件的起吊、堆放及运输

（1）PC 外墙板脱模与起吊

1)脱模前先试压混凝土强度，当混凝土强度大于设计强度的 70%时，方可拆除模板，移动构件。吊运构件时，钢丝绳与水平方向角度不得小于 45°（图 1.18）。

2)侧模和底模采用整体脱模的方法。内模为整体式，不能整体脱模，故采用分散拆除的方法。拆模时要仔细认真，不能使用蛮力，要注意保护好铝窗框。

图 1.18　PC 外墙板起吊

3)由于外墙板为水平浇筑，需翻身竖立。先将墙板从模位上水平吊至翻转区，放在翻身架上，然后同时使用龙门吊主辅吊钩，完成墙板的翻转竖立。翻身架上放置柔性垫块，以防止面砖硬性接触，造成损坏。

（2）PC 外墙板堆放与修补

1)外墙板主要采用竖直靠放的方式，由槽钢制作的三角支架支撑（图 1.19）。墙板搁支点

应设在墙板底部两端处，堆放场地须平整、结实。搁支点可采用柔性材料，堆放好以后要采取临时固定措施。

图1.19　PC外墙板堆放

2）外墙板堆放好以后，安排专人对面砖进行清理。清理时，先将面砖的保护贴纸撕掉，再逐条清理面砖间缝内的混凝土浆水。面砖缝内有孔洞时，无论大小全部进行修补，如有个别面砖发生位移、翘曲、裂缝，应及时凿去，然后换上新面砖，使用专门的面砖专用黏结剂进行补贴。面砖清理修补完毕后，用清水对面砖表面进行冲洗，使面砖表面不留任何水泥浆等杂物，保证墙板的整体外观效果。

（3）PC外墙板装车运输（图1.20）

图1.20　PC外墙板装车运输

1）外墙板出厂必须符合质量标准，墙板上应标明型号、生产日期，并盖上带有合格标志的图章。所有出厂标志必须写于墙板侧面，严禁标写于板面或正立面。出厂过程中，如再发生硬伤，必须及时修整，方可出厂使用。

2）由于外墙挂板的高度过大，厚度很小，极易损坏，给装车运输造成了困难。为此，采用4辆超低平板车运输，并在运输车上配备定制的专用运输架。墙板装车时，外饰面朝外，并用紧绳装置进行固定，运输架底端的支撑垫在墙板下口的内侧，运输架与墙板的接触面用橡胶条垫好，这样可以防止运输过程中的颠簸对墙板造成损坏。运输墙板时，车启动应慢，车速应均匀，转弯变道时要减速，以防墙板倾覆。

5. 预制构件生产质量要求

1）墙板检验包括外观质量和几何尺寸两方面，二者均要求逐块检查。

2）外观质量要求墙板上表面光洁平整，无蜂窝、塌落、露筋、空鼓等缺陷。

3）墙板外观质量要求和检验方法如表 1.1 所示。

表 1.1　墙板外观质量要求和检验方法

项次	项目		质量要求	检验方法
1	露筋		不允许	目测
2	蜂窝		表面上不允许	目测
3	麻面		表面上不允许	
4	硬伤、掉角		不允许，碰伤后要及时修补	
5	裂缝	横向	允许有裂缝，但裂缝延伸至相邻侧面长度应不大于侧面高度的 1/5，且裂缝宽度不得大于 0.2mm	目测，若发现裂缝，则用尺量其长度，用读数显微镜测量裂缝宽度
		纵向	总长不大于 $L/10$（L 为预制构件跨度）	

6. PC 预制构件制作与生产工艺综述

PC 外墙板采用工厂化预制的方式，和传统工艺相比具有以下优势。

1）PC 外墙板面砖与墙板混凝土整体成型，避免出现以往的面砖脱落问题。与现贴方法相比，面砖缝更直，缝宽、缝深一致，从而达到了良好的立体美观效果。

2）PC 外墙板的外门窗框直接预埋于墙板中，从工艺上解决了外门窗的渗漏问题，提升了房屋的性能，也改善了客户的居住质量。

3）PC 外墙板由于成型模具一次投入后可重复使用，从而减少了材料的浪费，节约了资源，降低了成本。同时，现场湿作业减少，在改善施工条件的同时，也降低了环境污染的程度。

4）大量采用 PC 外墙板及其他预制构件后，现场施工更为简便，施工周期大大缩短，施工效率显著提高。通过工厂化的生产方式，改变传统现场手工操作的方式，促使住宅产业由粗放型向集约型转变，基本实现了标准化、工厂化、装配化和一体化，对建筑产业化进程起到了巨大的推动作用，也奠定了良好的基础。

基于以上研究分析与总结，PC 外墙板所带来的经济效益与社会效益都是不容忽视的。随着预制技术与工艺的不断完善，PC 外墙板将成为建筑行业发展的一种必然趋势。

PC 外墙板预制解决了生产制作中各个环节的技术关键和难点，同时在整个研究过程中也不断改进和完善，发现问题及时反馈、积极处理，产品质量达到甚至超过预期效果，最终赢得了各方面的一致好评。目前,已形成了一条比较成熟的 PC 外墙板生产线,具备了比较精密的模具和先进的生产工艺控制体系,PC 生产技术正日趋完善。

1.1.3 预制构件吊装技术

1. 塔式起重机设备的选择

(1)塔式起重机使用

装配式建筑施工中,塔式起重机在承担建筑材料、施工机具运输的同时,还要负责所有 PC 构件的吊运安装。因此,和传统建筑施工相比,装配式建筑在塔式起重机选型、布置和使用上有自己的特点。

1)塔式起重机起重能力要求高,型号往往比传统施工大。

2)吊装 PC 构件占用时间长,塔式起重机使用更紧张。

3)围护墙体同步施工,塔式起重机定位优先选阳台、窗洞。

(2)塔式起重机选择

1)主要考虑的三大技术参数。

①工作幅度:塔机的回转中心到吊钩可达到的最远距离,决定了塔式起重机的覆盖范围。

塔式起重机使用分为地下室施工和主体施工两大阶段。地下室施工阶段,主要吊装模板、架管、钢筋、料斗等,对起重能力要求不高,但对覆盖范围要求大;主体施工阶段,吊装 PC 构件是塔式起重机的主要工作,PC 构件动辄 5~6t,所以主体施工阶段对塔式起重机起重能力要求高,但只需要覆盖主体。因此,需要综合考虑两个阶段的需求(臂长可阶段性变化),选出经济性好的方案。

②起重高度。起重高度需考虑以下因素(图 1.21)。

a. 建筑物的高度(安装高度比建筑物高出 2~3 节标准节,一般高出 10m 左右)。

b. 群体建筑中相邻塔式起重机的安全垂直距离(按规范要求错开 2 节标准节高度)。

③起重量:

a. 起重量×工作幅度 = 起重力矩,一般控制在额定起重力矩的 75%以下。

b. 起重量 = 单个 PC 构件重量+吊具重量(挂钩、钢丝绳、钢扁担

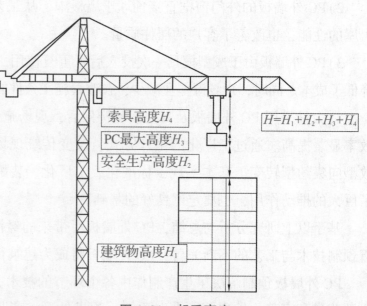

索具高度 H_4

PC最大高度 H_3

安全生产高度 H_2

$H = H_1 + H_2 + H_3 + H_4$

建筑物高度 H_1

图 1.21 起重高度

等)。

c. PC 构件起吊及落位整个过程是否超荷，需进行塔式起重机起重能力验算，并绘制《塔式起重机起重能力验算图》。

2)主要考虑的经济参数。

经济参数包括进出场安拆费、月租金、作业人员工资等。

(3)塔式起重机布置

考虑到 PC 楼的结构形式，根据其最大起重量位置对塔式起重机进行布置。对塔式起重机位置进行合理布置，有利于预制构件的吊装装配施工(图 1.22)。塔式起重机位置的确定原则如下。

1)应满足塔式起重机覆盖的要求：

①布置在建筑长边中点附近可以获得较小的臂长，且覆盖整个建筑和堆场(图 1.23)。

图 1.22 塔式起重机布置

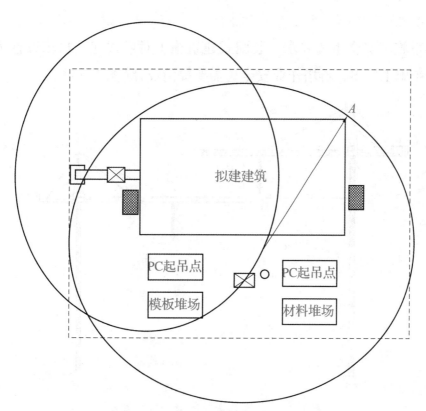

图 1.23 单台塔式起重机布置示意图

②两台塔式起重机对向布置可以在较小臂长、较大起重能力的情况下覆盖整个建筑(图 1.24)。

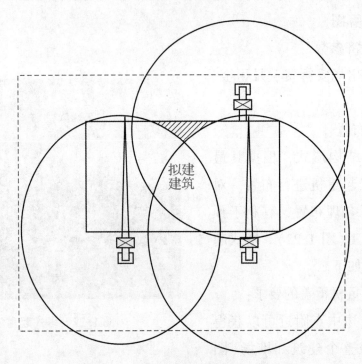

图 1.24 双台塔式起重机布置示意图

2)应满足群塔施工安全距离要求。装配式建筑施工对塔式起重机依赖性大,塔式起重机布置数量也比传统施工要多,群塔作业安全更需要提前设计(图 1.25)。

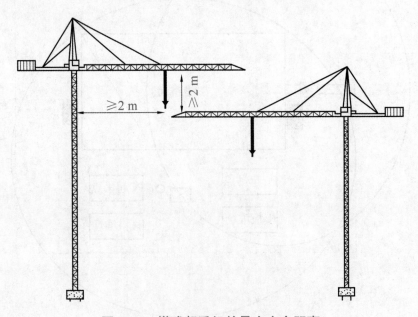

图 1.25 塔式起重机的最小安全距离

高低塔布置与建筑主体施工进度安排有关,群塔作业方案中应根据主体施工进度及塔式起重机技术要求，确定合理的塔式起重机升节、附墙时间节点。

3）应满足塔式起重机和架空线边线的最小安全距离要求，如表1.2所示。

表1.2 塔式起重机和架空线边线的最小安全距离

安全距离	电压/kV				
	<2	1~15	20~40	60~110	220
沿垂直方向/m	1.5	3.0	4.0	5.0	6.0
沿水平方向/m	1.5	2.0	3.5	4.0	6.0

4）应满足塔式起重机基础设置要求：

①塔式起重机设置在基坑内，如图1.26所示。

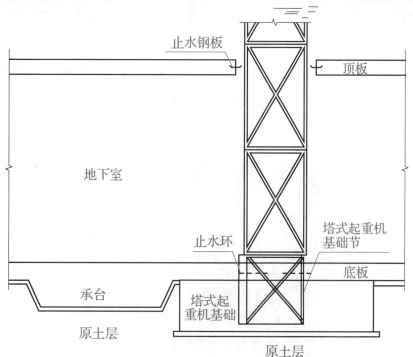

图1.26 塔式起重机基础设置

②塔式起重机布置在地下室结构范围外，如图 1.27 所示。

图 1.27 塔式起重机位于地下室外

5)应满足塔式起重机附着位置及尺寸要求(图 1.28)。装配式建筑塔式起重机附着有以下特点：

①外挂板、内墙板属于非承重构件，所以不得用作塔式起重机附墙连接，塔式起重机必须与建筑结构主体附墙连接。

②分户墙、外围护墙与主体同步施工，因此塔式起重机附着杆件必须优先选择窗洞、阳台伸进。

③塔式起重机附着必须在塔式起重机专项施工方案中体现，明确附着细节。若需要外挂板及在其他预制构件上预留洞口或设置埋件，则在开工前下好构件工艺变更单，工厂提前做好预留预埋。

6)应满足塔式起重机拆除的要求：塔式起重机方案设计中，应充分考虑塔式起重机拆除时的工况，避免拆除时出现臂摆和建筑主体、相邻塔式起重机、施工电梯、外挂爬架等碰撞的情况(图 1.29)。

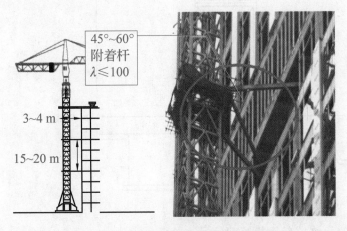

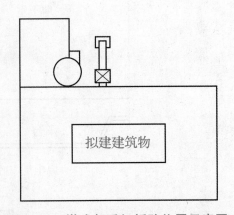

图 1.28 塔式起重机附着杆的位置　　　　图 1.29 塔式起重机拆除位置示意图

2. 塔式起重机与吊具应用

（1）吊索选择

钢丝绳吊索，一般选型号为 6×19+1 的互捻钢丝绳，此钢丝绳强度较高，吊装时不易扭结。吊索安全系数 $n=6\sim7$，吊索大小、长度应根据吊装构件重量和吊点位置计算确定。吊索和吊装构件吊装夹角一般控制在不小于 45°。

（2）卸扣选择

卸扣大小应与吊索相配，卸扣一般应大于或等于吊索。

（3）手拉葫芦选择

手拉葫芦用来完成构件卸车时的翻转和构件吊装时的水平调整。手拉葫芦在吊装中受力一般大于所配吊索，吊装前要根据构件重量、设置位置、翻转吊装和水平调整过程中手拉葫芦最不利角度来确定，一般选用 3t 手拉葫芦即可。

3. 吊装过程中的技术操作要求

（1）PC 结构吊装施工特点及吊装施工流程

1）PC 结构吊装施工特点。

由于 PC 结构墙板是由工厂制作的，墙板的外饰贴面及门窗框已完成。在墙板运输时，应对外饰贴面及门窗框采取保护措施；在竖向运输墙板时，要专门设计搁置钢架，在墙板搁置点设置橡胶衬垫。

在安装 PC 结构墙板的过程中，必须根据构件质量和形状特点，设计专用工夹具，采取一定保护措施，以防止墙板在运输、堆放和安装过程中变形，以及墙板外饰贴面和门窗框的损坏。

PC 结构墙板吊装采用塔式起重机，不仅要满足 PC 结构墙板吊装要求，还要在起重能力和经济条件相同的情况下，尽可能选择塔身截面大的起重机，以减小塔机在墙板吊装中的晃动。

由于采用塔机吊装墙板，在墙板吊装中要解决构件晃动和精确就位的难题。这对机操人员和安装人员提出了较高的要求，他们必须了解 PC 结构墙板吊装技术，并熟练掌握 PC 结构墙板吊装技能。

PC 结构墙板为装配式结构，其安装精度高，校正难度大，要设计专门定位和导向装置来完成墙板定位，以保证结构安装顺利进行。

墙板吊装到位后，要有专用调节固定装置，临时固定后再脱钩。

2）PC 结构吊装施工流程。

PC 构件吊装方案制订→PC 结构吊装前准备工作→PC 构件吊装→PC 构件临时固定和校正→PC 构件脱钩。

（2）PC 构件吊装

1）PC 构件吊装绑扎方法及加强措施。

①PC 构件吊装绑扎方法如图 1.30 所示。

②PC 构件在运输翻转吊装时，应采用加强措施：对侧向刚度差的 PC 构件，可通过对构

件加临时撑杆的方法进行加固，撑杆与构件通过预埋螺母连接。在构件运输、翻转、吊装时，支承点设置在加强撑上，以保证构件在运输、翻转、吊装中不变形。

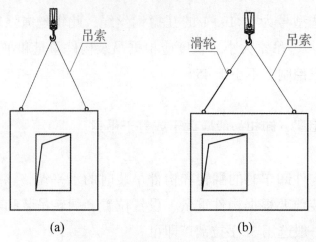

图 1.30　PC 构件吊装绑扎方法

(a)对称构件；(b)不对称构件

a. 构件纵、横向加强措施如图 1.31 所示。

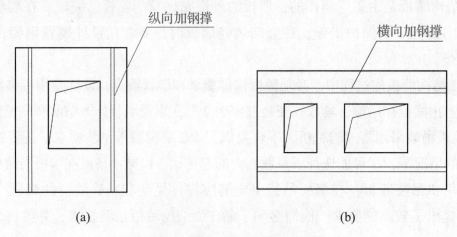

图 1.31　构件纵、横向加强措施

(a)纵向；(b)横向

b. 钢横梁应用：对长度长、侧向强度差的墙板，可采用钢横梁翻转和吊装(图 1.32)。

图 1.32　钢横梁应用

c. PC 构件采用现场翻转操作：翻转是 PC 构件运输到工地并堆放过程中必须完成的一项工作。在构件翻转时一般用 4 根吊索（两长两短），并加两只手动葫芦。起吊前将吊索调整到相同长度，带紧吊索。然后将墙板吊离地面，边起高墙板，边松手动葫芦。到墙板拎直，放松墙板下面带葫芦吊索，把墙板吊到钢架上（图 1.33）。

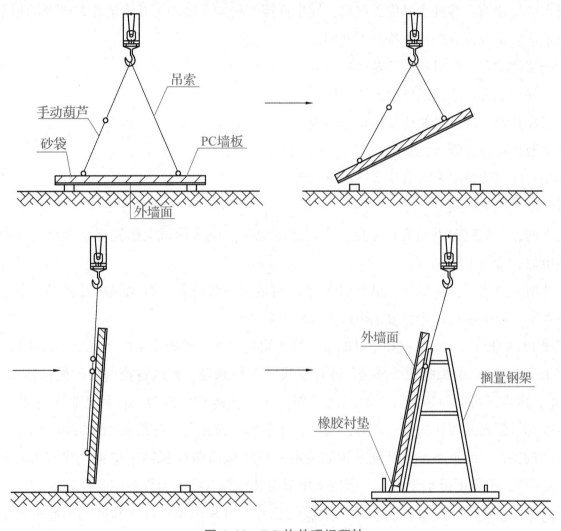

图 1.33　PC 构件现场翻转

2）PC 构件就位和临时固定。

根据 PC 构件安装顺序起吊，起吊前吊装人员应检查所吊构件型号规格是否正确，外观质量是否合格，确认后方能起吊。构件离地后应先将构件安装面用手拉葫芦调平，构件根部系好缆风绳。在构件安装位置标出定位轴线，装好临时支座。将构件吊到就位处并对准轴线，然后将构件与临时支座用螺栓连接，在构件上端安装临时可调节斜撑。在构件吊装过程中，由于构件迎风面大，在构件下降时可采用慢就位机构，使之缓慢下降。要通过构件根部系好缆风绳控制构件转动，保证构件就位平稳。为克服塔机吊装墙板就位时晃动，从而使墙板精确到位困难的问题，可在墙板和安装面安装设计临时导向装置，使吊装墙板一次精确到位。

构件就位临时固定后，必须经过吊装指挥人员确认构件连接牢固后方能松钩。

（3）PC结构吊装人员操作要求

1）塔式起重机操作人员操作要求。

操作人员应按照指挥人员的信号进行作业，当信号不清或错误时，操作人员可拒绝执行。

起重机作业前，基础水平应无沉陷，固定连接螺栓应无松动，并应清除基础处的积水。

起重前，重点检查项目应符合下列要求。

①金属结构和工作机构的外观情况正常。

②各安全装置和各指示仪表齐全完好。

③各齿轮箱、液压油箱的油位符合规定。

④主要部位连接螺栓无松动。

⑤钢丝绳磨损情况及各滑轮穿绕符合规定。

⑥供电电缆无破损。

送电前，各控制器手柄应在零位。当接通电源时，应采用试电笔检查金属结构部分，确认无漏电后，方可上机。

作业前，应进行空载运转，试验各工作机构是否运转正常，有无噪声及异响，各机构的制动器及安全防护装置是否有效，确认正常后方可作业。

起吊PC墙板时，PC墙板和吊具的总重量不得超过起重机相应幅度下规定的起重量。

应根据起吊PC墙板和现场情况，选择适当的工作速度，操纵各控制器时应从停止点（零点）开始，依次逐级增加速度，严禁越挡操作。在变换运转方向时，应将控制器手柄扳到零位，待电动机停转后再转向另一方向，不得直接变换运转方向、突然变速或制动。

在吊钩提升、起重小车运行到限位装置前，均应减速缓行到停止位置，并应与限位装置保持一定距离（吊钩不得小于1m）。严禁采用限位装置作为停止运行的控制开关。

提升PC墙板，严禁自由下降。PC墙板就位时，可采用慢就位机构或利用制动器使之缓慢下降。

提升PC墙板做水平移动时，应高出其跨越的障碍物0.5m以上。

对于无中央集电环及起重机构不安装在回转部分的起重机，作业时不得顺一个方向连续回转。

作业中，当停电或电压下降时，应立即将控制器扳到零位，并切断电源。如吊钩上挂有PC墙板，应稍松稍紧反复使用制动器，使PC墙板缓慢地下降到安全地带。

作业完毕后，起重臂应转到顺风方向，并松开回转制动器，小车应回到起重臂根部，吊钩起升到离起重臂2~3m处。

2）构件吊装人员操作要求。

吊装前，应检查机械索具、夹具、吊环等是否符合要求，并应进行试吊。

吊装时，必须有统一的指挥、统一的信号。

使用撬棒等工具时，用力要均匀，要慢，支点要稳固，以防撬滑发生事故。

所吊PC构件在未校正、焊牢或固定之前，不准松绳脱钩。

起吊PC墙板件时，不可中途长时间悬吊、停滞。

起重吊装所用的钢丝绳，不准触及有电线路和电焊搭铁线，或与坚硬物体摩擦。

3）起重指挥人员操作要求。

起重指挥人员应由懂得起重机械的性能并掌握PC结构吊装的知识，经专业培训考试合格，持证上岗的人员担任。

指挥时，应站在视野开阔的地点，指挥信号应规范，做到准确、洪亮和清楚。

起重时，应禁止其他人在起重臂或吊起的PC墙板下停留或行走。

使用卸甲时，应使长度方向受力，并旋紧销子预防滑脱，严禁使用有缺陷的卸甲。

起重的吊、索具应使用交互捻制的钢丝绳。钢丝绳如有扭结、变形、断丝、锈蚀等异常现象，应及时降低使用标准或报废（表1.3和表1.4）。

表1.3 钢丝绳安全系数参考值及滑轮与绳径比值

起重设备	传动装置及钢丝绳形式	安全系数参考值	滑轮与绳径比值
起重机	所有绳传动	4.5~11.5	15~30
挖掘机	所有绳传动	6~8	24~30
露天采矿机械	运动绳	4~8	—
	静止绳	2.5~4	—
升降机	卷筒传动	9~12	35
	驱动轮传动	14	40~45
矿井运输设备	输送机绳	6	40~110
	掘井绳	8	40~110
双绳索道	承载索	3~3.5	65~80
	牵引绳	4.5~5	80~100
	张紧绳	4.5~5	22~60
缆索起重机	承载索	3.5	40~60
	工作绳	5~6	—
	固定绳	4.5	—

表 1.4 起重钢丝绳(塔式起重机)的安全系数参考值

钢丝绳用途			安全系数参考值
起升和变幅用	手动		4.0
	机动	轻级	5.0
		中级	5.5
		重级、特重级	6.0
抓斗用	双绳抓斗(双电动机分别驱动)		6.0
	双绳抓斗(单电动机集中驱动)		5.0
	抓斗滑轮		—
拉紧用	经常用		3.5
	临时用		3.0
小车	曳引道(轨道水平)		4.0

编结钢丝绳时,应使各股松紧一致,编结部分的长度不得小于该钢丝绳直径的 15 倍,且不得短于 300mm。用绳卡连成绳环,绳卡不得少于 3 个。

使用 2 根以上千斤吊装时,如夹角大于 100°,应采取防止滑钩等措施。

使用 4 根千斤吊装时,应加装铁扁担,调节其松紧度。

使用开口滑车时,必须扣牢。禁止人员跨越钢丝绳或停留在钢丝绳可能弹射到的地方。

1.1.4 预制构件安装与连接技术

1. 预制构件安装概况

(1)预制构件与连接结构同步安装概况

住宅装配式混凝土构件与连接结构施工同步安装是建筑主体结构施工中,工厂预制混凝土构件在现浇混凝土结构施工过程中同步安装施工,并最终用混凝土现浇成整体的一种施工方法。即建筑结构构件在工厂中预制成最终成品并运送至施工现场后,在结构施工最初阶段,用塔式起重机将其吊运至结构施工层面并安装到位,安装的同时,混凝土结构中的现浇柱、墙同步施工,并最终在该层结构所有预制和现浇构件施工完成后,浇筑混凝土形成整体。

(2)"先柱梁结构,后外墙构件"安装概况

住宅装配式混凝土结构"先柱梁结构,后外墙构件"安装是指在建筑主体结构施工中,先将建筑柱、梁、板主体钢筋混凝土结构施工完毕,再进行预制装配式构件安装。即在主体结构施工中,先完成主体结构承重部分柱、梁、板等结构的施工,待现浇混凝土养护达到设计

强度后，再将工厂中预制完成的构件安装到位，从而完成整个结构的施工。

🔧 2. 预制外墙板施工操作要求

（1）预制外墙板操作步骤

1）装配式构件进场、编号，按吊装流程清点数量（图1.34）。

2）清理各逐块吊装的装配构件搁（放）置点，按标高控制线垫放硬垫块（图1.35）。

3）按编号和吊装流程对照轴线、墙板控制线逐块就位，设置墙板与楼板限位装置（图1.36）。

图1.34 构件进场

图1.35 垫放硬垫块

图1.36 设置墙板与楼板限位装置

4）设置构件支撑及临时固定，调节墙板垂直度（图1.37）。

5）塔式起重机吊点脱钩，安装下一块墙板，并循环重复（图1.38）。

图1.37 调节墙板垂直度

图1.38 吊点脱钩

6）楼层浇捣混凝土完成，混凝土强度达到设计、规范要求后，拆除构件支撑及临时固定点。

（2）预制墙板操作要求

1）预制墙板的临时支撑系统由2组水平连接和2组斜向可调节螺杆组成。根据现场施工情况，对于重量过重或悬挑构件，采用2组水平连接两头设置和3组可调节螺杆均布设置，以确保施工安全。

2）根据给定的标高、控制轴线引出层水平标高线、轴线，然后按水平标高线、轴线安装板下搁置件。板墙抄平采用硬垫块方式，即在板墙底按控制标高放置与墙厚等尺寸的硬垫块，然后校正、固定，预制墙板一次吊装，坐落其上。

3）吊装就位后，采用靠尺检验挂板的垂直度，用调节杆调整偏差（图1.39）。

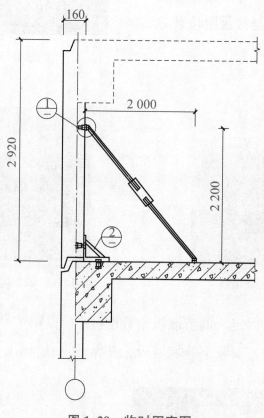

图 1.39 临时固定图

4）预制墙板通过可调节螺杆与现浇结构联系固定。可调节螺杆外管为 $\phi52\times6$，中间杆直径为 $\phi28$，材质为45中碳钢，抗拉强度按Ⅱ级钢计算。

5）预制墙板安装、固定后，再按结构层施工工序进行下一道工序施工。

3. 预制叠合板施工操作要求

（1）叠合板操作步骤

1）叠合板进场、编号，按吊装流程清点数量。

2）搭设临时固定与搁置排架。

3）控制标高与叠合板板身线。

4）按编号和吊装流程逐块安装就位。

5）塔式起重机吊点脱钩，安装下一块叠合板，并循环重复（图1.40）。

图1.40　叠合板吊装

6）楼层浇捣混凝土完成，混凝土强度达到设计、规范要求后，拆除构件临时固定点与搁置的排架。

（2）叠合板操作要求

1）叠合板施工前，按照设计施工图，由木工翻样绘制出叠合板排列图，工厂化生产按该图深化后，投入批量生产。运送至施工现场后，由塔式起重机吊运到楼层上，按排列图铺放。

2）叠合板吊放前，先按《叠合板排架支撑图》搭设排架，排架面铺放2m×4m木板，放置平水。

3）叠合板采用单向板设计形式施工时，两端钢筋插入墙或梁柱内，板端进入20mm。按设计要求，阳台叠合板伸入的钢筋部分须焊接。

4）考虑到外墙板吊装时，楼层现浇混凝土未达到设计强度，因此须在叠合楼板吊装完成后，将预制外墙板临时固定支撑的预埋件与叠合楼板的马凳筋进行焊接，以满足斜拉杆的受力要求。

5）叠合楼板安装、固定后，再按结构层施工工序进行下一道工序施工。

4. 预制阳台板、空调板施工操作要求

（1）阳台板、空调板操作步骤

1）叠合阳台板进场、编号，按吊装流程清点数量。

2）搭设临时固定与搁置排架。

3）控制标高与叠合阳台板板身线。

4）按编号和吊装流程逐块安装就位。

5）塔式起重机吊点脱钩，进行下一叠合阳台板安装，并循环重复（图1.41）。

6）楼层浇捣混凝土完成，混凝土强度达到设计、规范要求后，拆除构件临时固定点与搁置的排架。

图 1.41 阳台板安装

（2）阳台板、空调板操作要求

1）叠合阳台板施工前，按照设计施工图，由木工翻样绘制出叠合阳台板加工图，工厂化生产按该图深化后，投入批量生产。运送至施工现场后，由塔式起重机吊运到楼层上铺放。

2）叠合阳台板吊放前，先搭设叠合阳台板排架，排架面铺放 2m×4m 木板，放置平水。

3）叠合阳台板钢筋插入梁内 370mm，按设计要求，伸入的钢筋有部分须焊接。

4）叠合阳台板安装、固定后，再按结构层施工工序进行下一道工序施工。

5. 预制楼梯施工操作要求

（1）预制楼梯操作步骤

1）楼梯进场、编号，按各单元和楼层清点数量。

2）搭设楼梯（板）支撑排架与搁置件。

3）标高控制与楼梯位置线设置。

4）按编号和吊装流程，逐块安装就位（先梯梁、后楼梯）。

5）塔式起重机吊点脱钩，进行下一叠合板安装，并循环重复。

6）楼层浇捣混凝土完成，混凝土强度达到设计、规范要求后，拆除支撑排架与搁置件。

（2）预制楼梯操作要求

1）预制楼梯施工前，按照设计施工图，由木工翻样绘制出加工图，工厂化生产按该图深化后，投入批量生产。运送至施工现场后，由塔式起重机吊运到楼层上铺放。

2）施工前，先搭设楼梯梁（平台板）支撑排架，按施工标高控制高度，按先梯梁后楼梯（板）的顺序进行。楼梯与梯梁搁置前，先在楼梯 L 形内铺砂浆，采用软坐灰方式。

3）预制楼梯安装、固定后，再按结构层施工工序进行下一道工序施工。

6. 预制构件与现浇结构连接

（1）预制墙板与结构柱连接

预制墙板与结构柱连接如图 1.42 所示。

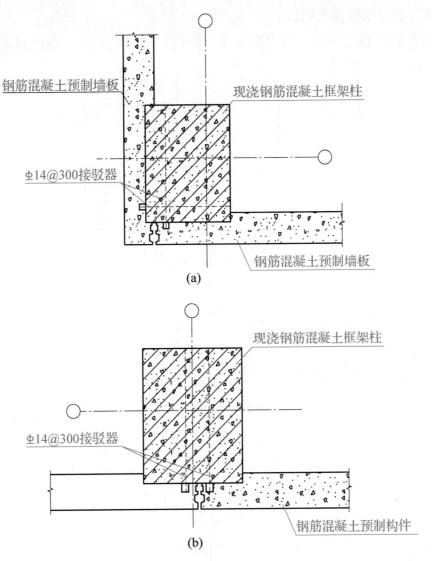

钢筋混凝土预制墙板

现浇钢筋混凝土框架柱

Φ14@300接驳器

钢筋混凝土预制墙板

(a)

现浇钢筋混凝土框架柱

Φ14@300接驳器

钢筋混凝土预制构件

(b)

图 1.42　预制墙板与结构柱连接

（a）节点一；（b）节点二

(2)叠合楼板与梁的搁置点连接

叠合楼板设计采用单向板，距搁置点 25mm 处，留设锚固筋，与梁浇捣连接(图 1.43)。

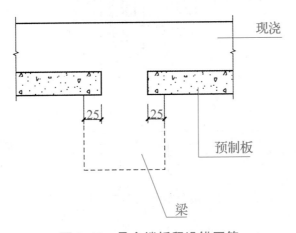

现浇

25　25

预制板

梁

图 1.43　叠合楼板留设锚固筋

（3）阳台叠合板与结构锚固连接

阳台叠合板在工厂化生产后，留设阳台连接锚固筋，与结构梁、柱浇捣在一起（图1.44）。

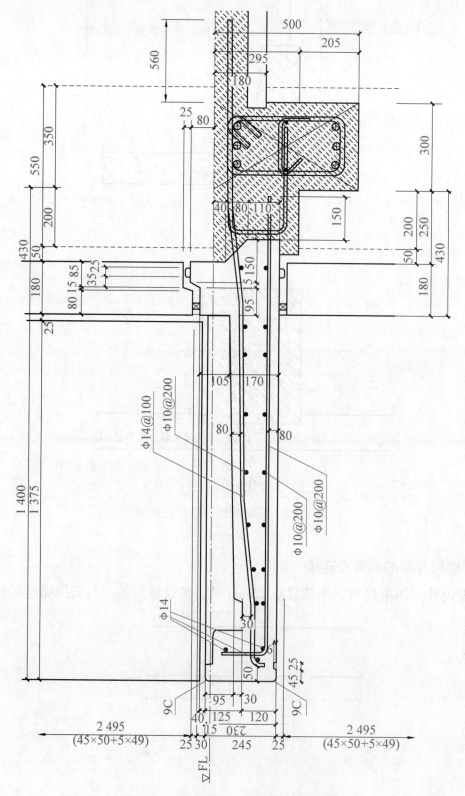

图1.44 阳台叠合板与结构锚固连接

（4）预制楼梯与梁、板连接

预制楼梯为成型产品，经工厂化生产，现浇梁板完成后与楼梁焊接（图1.45）。

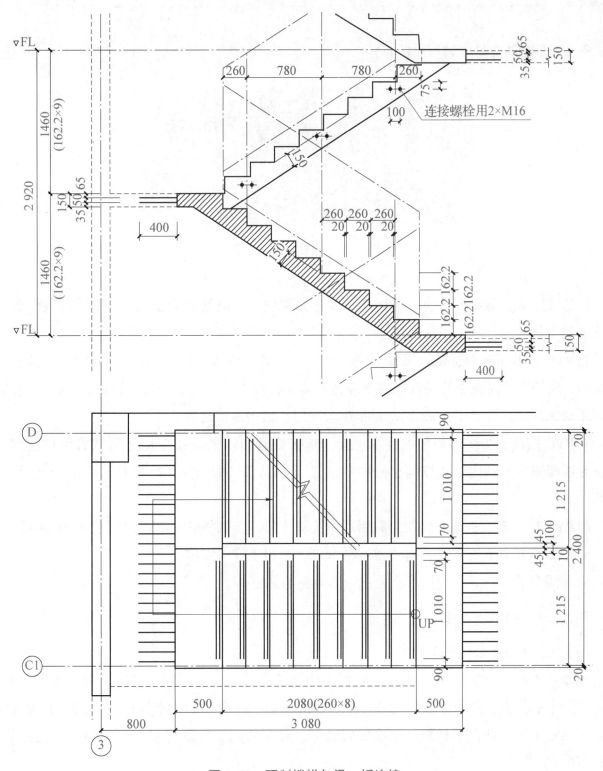

图1.45　预制楼梯与梁、板连接

1.1.5 PC 安装与管线预埋

1. 管线敷设与安装(图 1.46)

图 1.46 管线敷设与安装

1)管线敷设必须横平竖直,尽可能减少弯曲次数。弱电线管应选用 TC 管(镀锌管)敷设,以防电磁干扰。

2)PVC(polyvinyl chloride,聚氯乙烯)灯头盒距管卡距离≤200mm,管卡与管卡的距离≤500mm,现场弯管时根据管径选择助弯弹簧弯曲,转弯半径不应小于管径的 6 倍。转弯处的管卡间距≤200mm,管卡用 6mm 尼龙膨胀螺管固定,禁用木榫替代。

3)PVC 接线盒与线管用杯梳胶水连接。从接线盒引出的导线应用金属软管保护至灯位,防止导线裸露在平顶内,并按国家标准要求进行导线型号的选择。严禁双回路电线共用一根线管。

4)PVC 接线盒盖板与金属软管需用尼龙接头连接。金属软管长度不得超过 1 000mm。

5)PVC 管道如遇交叉处,需要做过桥弯管,两边用管卡固定。

6)导线穿管完毕后,应用欧姆表进行通电绝缘测试。

2. 卫生间排水系统

(1)卫生间排水系统施工要点

先做好 JS(聚合物水泥)防水,在确保不渗漏的条件下,根据图纸确定马桶、地漏、台盆等立管的中心位置,然后按照立管进行排水管的固定。注意控制排水管道的坡度,避免泛水。然后在线管中间填补轻质材料,如珍珠岩之类。做完管道后应及时封闭管道口,避免杂物掉入管道内。

卫生间 JS 防水施工工艺:基面→打底层→下涂层→中涂层→上涂层,具体如下。

1)先在液料中加水,用搅拌器边搅边徐徐加入粉料,之后充分搅拌均匀直至料中不含团粒(搅拌时间 5min 左右,最好不要人工搅拌)。

2）打底层涂料的质量比为液料：粉料：水＝10：7：14。

3）下层、中层和上层涂料的质量比为液：粉：水＝10：7：（0~3）。

4）上层涂料中可加无机颜料以形成彩色涂层，彩色涂层涂料的质量比为液料：粉料：颜料：水＝10：7：（0.5~1）：（0~3）。

5）斜面、顶面、立面施工时应不加水或少加水，平面在烈日下应多加水。如需加无纺布，可用35~60g/m²聚酯材质的无纺布。

（2）配水点标高

厨房水槽、台盆配水点标高为550mm，冷热出水口间距为200mm；有橱柜的部位出水点应凸出墙面粉刷层40mm，其余出水点应与完成面平齐或低5mm以内。浴缸龙头配水点标高为650~680mm，坐标位置在浴缸中心线，冷热出水口间距为150mm；坐便器、三角阀配水点标高为150mm；淋浴龙头标高为900mm，冷热出水口间距为150mm；淋喷头出水点高度为2 000~2 200mm。洗衣机龙头标高为1 100mm；热水器配水点标高应低于热水器底部200mm，冷热出水口间距为180mm；拖把池龙头标高为700~750mm。

（3）试压测试

管道安装完毕后，按照国家标准进行试压测试（图1.47）。

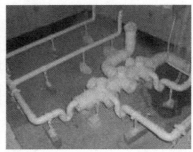

图1.47　管线试压测试

🔧 3. 机电安装操作要求

（1）施工操作控制要求

1）人员控制要求。

专业管理人员必须具备相应的资质，并持证上岗。特殊工种人员必须持有效证件上岗。一般操作人员应经操作培训考核后上岗。

2）施工机械控制要求。

①施工机械在进场前必须进行全面的检修，检修合格挂设备完好卡后方可进场。

②施工机械实行定人定机，专人操作、保养，并在设备上挂机械管理卡。

③施工机械操作者必须持证上岗，在使用过程中必须严格按操作规程操作。

④现场配置专职机修工，对所有施工机械进行统一维修保养，从而确保施工机械完好。

（2）一般操作控制

1）一般过程是指操作工艺较简单的过程，如设备、管道、电气、暖通、动力施工安装全过程。

2）施工员按正确的施工技术对操作人员进行技术交底，操作人员按交底要求进行操作。操作过程中的质量控制由班组长负责，并坚持"检查上道工序、保证本道工序、服务下道工序"的检查程序，使操作全过程处于受控状态。

3）三检、三评。

①自检：由班组长按质量手册的"检验及试验程序"进行班组施工质量自检，上班进行交底，下班后对每一位操作工人每天施工全过程及产品进行认真仔细的检查，并做好自检资料管理。

②互检：工序交接须坚持互检，互检由施工员会同质量员、班组长进行，合格后方可进行下一道工序的施工，并做好记录。

③专检：公司质检部门与项目部技术负责人、质量员组织质检，相关施工员及班组长参加，进行质量检验。

④一评：分项工程完成后，由施工员进行分项工程质量预检，并填写分项工程质量检验评定表；由质量员组织评定，并核定等级。

⑤二评：单位工程由公司主任工程师组织质检部门、技术部门、项目经理部、技术负责人进行预检，进行分部工程质量评定，及时填写分部工程质量评定表，并报送总包方。

⑥三评：单位工程完工后的检验工作，即邀请总包方、建设单位和监理公司及当地质检站相关人员进行单位工程质量评定。

（3）关键部位操作要求

1）关键部位操作是指对工程起决定作用的过程，如通风空调机、电气调试、弱电和自控系统等安装调试。

2）在关键部位操作时，要求除向作业人员提供施工图纸、规范和标准等技术文件外，还需要专业的工艺文件或技术交底，明确施工方法、程序、检测手段以及需用的设备和器具，以保证关键过程质量满足规定及投标书要求。

3）专业工艺文件或技术交底由项目经理负责编制或收集，由施工员向作业人员进行书面交底，在施工过程中需指导监督文件执行。

4）施工过程中，由项目经理指定设备员负责施工机械设备的管理，并组织维护与保养，以确保施工需要。

5）关键部位操作要求应具备的条件、试验、监控和验证与一般过程控制相同。

（4）特殊操作要求

1）引用《特殊操作要求控制工作程序》。

2)特殊操作要求控制的环节如下：

①给水、消防等管道的压力试验，污、废、雨水等管道的灌水试验，水冲洗，电气线路的绝缘测试，避雷接地、综合接地的电阻测试等，应会同建设单位、监理公司及相关单位共同检查验收。

②特殊操作要求，即结果不能通过检验和试验完全验证的过程。

③对特殊操作要求进行连续监控，必要的参数加以记录和保存。

④采用 PC 新工艺、新技术、新材料和新设备施工时，按特殊操作要求进行连续监控。

1.1.6 PC 装饰与节点处理

1. PC 装饰与工程特点

（1）工程特点

外墙板（含面砖）、叠合楼板、阳台板、楼梯板均为工厂预制完毕后在现场安装完成。工厂生产一面带隔热层、压制好的墙板，在工地现场用专利技术粘贴拼装。采用工厂化方式后，施工失误率可降低到 0.01%，外墙渗漏率为 0.01%，精度偏差以毫米算小于 0.1%。

（2）优点

1）木材——可以节约 18 万 m^3，折合成森林是 2 000hm^2。

2）水泥——可以节约 6 000 万 t。

3）钢材——可以节约 4 万 t。

4）建筑垃圾——可以减少 500 万 t。

5）废水——可以减少 5 000 万 t。

（3）目标

1）提高住宅品质，创造客户价值。

2）实现"节能、节水、节材、节地、环保"的要求。

3）提高管理效率，适应企业快速发展。

2. 装饰内容与做法

（1）墙体隔断

现建 PC 楼的墙体隔断采用轻钢龙骨，外封石膏板，需待 PC 楼层构件吊装完成后方可进行。轻钢龙骨隔断安装施工后，做装饰中间验收，验收通过合格后，再安排石膏板面板安装。

（2）内保温

PC 项目采用外墙内保温、外墙自保温和外墙外保温等形式，采用内保温施工，一般可选用 XPS（extruded polystyrene，挤塑聚苯乙烯泡沫塑料）、EPS（expanded polystyrene，聚苯乙烯泡沫)和喷涂等材料。

XPS 和喷涂内保温材料,按照保温、隔热设计技术参数,厚度应大于 30mm。EPS 内保温材料一般选用 50mm 的厚度。施工前,内保温材料须取样、送样,检验合格后,再用于 PC 项目施工。

(3)龙骨、面板

用于 PC 项目的龙骨,在储运和安装时,不得扔摔、碰撞。龙骨应平放,防止变形。面板在储运和安装时,应轻拿轻放,不得损坏板材的表面和边角,运输时应采取措施,防止变形。

龙骨和面板均应按品种、规格分类搁置堆放在室内,堆放场地应平整、干燥、通风良好,防止重压、受潮、变形。

根据吊顶的设计标高在四周墙上弹线,弹线应清楚,标高应准确。

(4)厨卫隔墙

PC 项目厨卫隔墙一般采用非砖砌体材料形式,目前通常采用 TK 板(硅酸钙板)、GRC(glass fiber reinforced concrete,玻璃纤维增强混凝土)和干挂预制材料等形式。

采用非砖砌体材料的施工做法,一般在 PC 预制构件装配完成后,在楼层厨卫位置放样出墙体基准线及标高控制线,在厨卫隔墙基底楼层面上做高度大于 200mm 的混凝土导墙。对于非砖砌体材料,按照 PC 设计图纸选定的材料进行施工,避免楼层湿作业的施工体系,体现了楼层内隔墙装配式、定型化的 PC 设计施工方式。

(5)吊顶

PC 工程龙骨、吊顶起拱按设计要求施工,如设计无要求,则按短向跨度的 1/200±10mm 施工。

对于吊顶基层和其余分项工程,应在隐蔽验收完成后,即开始施工板面层。

板材的品种、规格、式样以及基层构造、固定方法等,均应符合设计要求。

板材的表面应平整(凹凸、浮雕面除外),边缘整齐,无翘曲。施工前应按规格、花色选配分类。

3. 装饰施工操作要求

(1)墙体隔断

1)室内部分为砌块砖,为以后龙骨隔墙的固定提供方便(图 1.48)。

2)预制楼板拼缝用专用防水胶封堵(图 1.49)。

3)室内按图纸进行隔断处理,一般采用 75 型轻钢龙骨进行室内墙体构建(图 1.50)。

图 1.48 室内砌块砖填充墙

图 1.49 预制楼板拼缝

图 1.50 室内隔断墙体

4)外墙及室内承重墙采用预制板拼装，拼缝部位由土建单位进行防水处理，以及细部检查、偏差整改、场地移交，然后移交装饰单位。

(2)卫生间导墙做法(图 1.51)

1)导墙高度一般为 200mm。严格按照图纸位置放线、定位、浇捣，宽度和龙骨隔墙宽度一致，避免以后石膏板收头出现垂直面高低差。

2)轻钢龙骨隔墙与加气块隔墙连接紧靠厨卫的外侧面，采用石膏板通长封。这样可避免龙骨隔墙与加气块隔墙、石膏板与导墙之间直接拼接处出现后期难以解决的裂缝。

图 1.51 卫生间导墙做法

操作方法为：预浇导墙应在轻钢隔墙的基础上缩进厨卫 10mm，因为隔墙石膏板不能打钉固定，必须用专用石膏黏结剂，注意控制黏结剂的厚度。这样，轻钢龙骨隔墙在安装第二层石膏板时和隔墙上的石膏板正好拼接在一个平面内。石膏板之间的拼缝通过防裂绷带解决。导墙与石膏板的拼缝由踢脚线解决。

(3)内保温施工(图 1.52)

图 1.52 内保温施工

1)室内线管排布完成后再做外墙内保温。一般保温有带单层石膏板和无石膏板两种,室内选用带石膏板的保温板,在安装过程中用粘接石膏将其固定,在隔墙转角处应向内延伸450mm左右。

2)在保温层固化干燥后,用铁抹子在保温层上抹抗裂砂浆,厚度为 3~4mm,不得漏抹。在刚抹好的砂浆上用铁抹子压入裁好的网格布,要求网格布竖向铺贴并全部压入抗裂砂浆内。网格布不得有干贴现象,粘贴饱满度应达到 100%;接茬处搭接应不小于 50mm,两层搭接网布之间要布满抗裂砂浆,严禁干茬搭接。在门窗口角处洞口边角应沿 45°斜向加贴一道网格布,网格布尺寸宜为 400mm×150mm。

3)在抹完抗裂砂浆 24h 后即可刮抗裂柔性腻子(涉及不贴瓷砖的厨房、卫生间等有防水要求的部位应刮柔性耐水腻子),刮 2~3 遍。

4)厨卫保温墙保温板选用无石膏板保温板,安装完成后直接在其表面贴一层钢丝网并用水泥砂浆磨平,以确保墙砖拼贴的稳固性。

(4)龙骨施工(图 1.53 至图 1.57)

图 1.53　安装沿地龙骨

图 1.54　端头龙骨固定

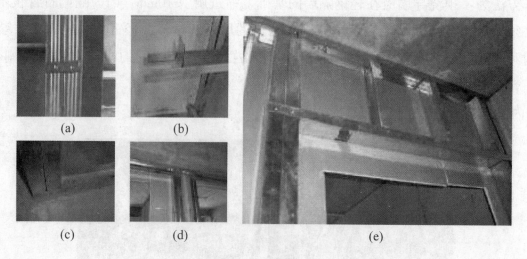

(a)　　　　(b)

(c)　　　　(d)　　　　(e)

图 1.55　侧向龙骨、地龙骨及门框安装做法

(a)两竖向龙骨架;(b)竖向龙骨弯折成门框;(c)地龙骨拼接处;

(d)无门楣门框做法;(e)带门楣门框做法

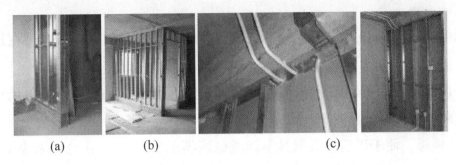

图 1.56　单双层龙骨安装与走线布置

（a）双层龙骨安装；（b）单层龙骨安装；（c）龙骨间穿线尽量走地或走顶

图 1.57　龙骨面板安装

（a）隔音棉；（b）在安装完一面石膏板后填充隔音棉；（c）安装加强板（注意壁画与空调等的位置）

1）先安装沿顶龙骨，再用一根竖向龙骨和水平尺对沿地龙骨进行定位。用膨胀螺钉将沿顶、沿地龙骨固定在结构层上，螺钉间距为 600mm，且龙骨两端膨胀螺钉距端头距离为 50mm。在固定 U 型沿边龙骨前，应在龙骨与结构层之间施以连续且均匀的密封胶。分段的沿边龙骨不需要互相固定，但是端头要紧靠在一起。

2）安装 C 型竖向龙骨，以形成隔墙框架。高度应比沿顶、沿地龙骨腹板间的净距小 5mm。如需加长竖向龙骨，采用互相搭接方式接长，搭接部分长度不小于 60mm，搭接处将龙骨对口用平头螺钉固定。

3）调整 C 型竖向龙骨的位置。一般室内竖向龙骨间距为 300～400mm，厨卫间为 250mm（考虑厨卫墙砖拉力会引起龙骨变形等因素），且竖向龙骨每隔 500mm 加一枚龙骨衬卡。

4）将 U 型沿边龙骨翼缘剪开并向上弯折，以加固门框。

5）将 U 型龙骨剪开并向下弯折，以形成门楣，将弯折好的 U 型龙骨固定在竖向龙骨上。

6）在门的位置并列两根 C 型竖向龙骨，C 型开口方向相对，侧面可用铝条加自攻螺钉固定。如果门的实际尺寸为 900mm，C 型竖向龙骨应比实际宽 5～6mm，为以后安装门扇提供方便。

7）安装穿心龙骨，竖向间距为 1m，用自攻螺钉固定（竖向龙骨出厂前已预留穿心龙骨位置)。

8)敷设隔墙内的插座开关管线。尽量借用龙骨现有孔洞,如需穿墙,可在顶部或底部开孔穿管线。

9)安装一面石膏板或 TK 板(室内墙面用普通单层石膏板,卧室与卧室隔墙用普通双层石膏板,厨卫墙面用防水石膏板或 TK 板)。

10)安装加强板,便于以后安装壁挂空调或壁画类承重物件。用 12 厘板裁切成龙骨空当,大小、高度以略超过空调或壁画尺寸两端各 200mm 为宜,背面打白胶,在已安装的石膏板向内用自攻螺钉固定加强板。

11)填充吸音棉。在需要隔音的房间、玄关等小隔段部位填充吸音棉。施工前应戴口罩和手套,防止吸音棉内的玻璃纤维被吸入体内或附在皮肤表面引起瘙痒。

(5)厨卫隔墙做法(图 1.58)

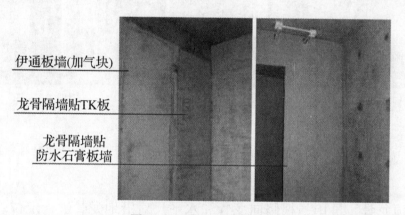

图 1.58　厨卫隔墙做法

1)厨卫龙骨隔墙:贴 TK 板或防水石膏板(建议用 TK 板,其强度比石膏板高,便于贴砖),并在上面铺一层钢丝网,用厚 2mm 界面剂加水泥砂浆抹平,然后弹线定位进行墙砖铺贴。

2)厨卫伊通板墙面:先用水泥砂浆找平基层,然后直接弹线定位进行墙砖铺贴。

(6)吊顶做法(图 1.59)

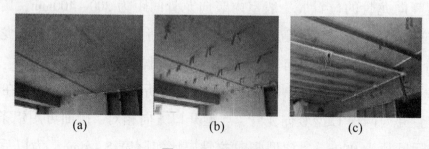

(a)　　　　　　　　(b)　　　　　　　　(c)

图 1.59　吊顶做法

(a)弹龙骨线;(b)安装龙骨吊卡;(c)在墙上弹好吊顶高度线,用铆钉固定竖向龙骨

1）按图纸尺寸在顶棚进行弹线定位，间距为 400mm×700mm。

2）在弹线交叉处进行钻孔，打吊筋。吊顶有两种选择：一种是可耐福专用龙骨吊顶配件，安装方便快捷；另一种是市场上常见的龙骨吊顶配件，工序稍烦琐。

3）待天棚管线安装完成后，进行龙骨吊顶、石膏板安装。

1.1.7 预制装配式住宅产品保护

1. 产品保护要求

1）PC 构件为使用成品，在现场做好各施工阶段的产品保护是工程通过施工验收的基础，很有必要。

2）构件饰面砖保护一般应选用无褪色或污染的材料，以防揭纸(膜)后饰面砖表面被污染。

3）为避免楼层内后续施工时，行走中与运输楼梯通道的 PC 楼梯相撞，踏步口要有牢固可行的保护措施。阳台板、空调板安装就位后，直至验收交付，使用装饰成品部位应做覆盖保护。

4）PC 构件在安装施工中及装配后，应做好产品保护。

5）PC 外墙板饰面砖可采用表面贴膜或用专业材料保护(图 1.60)。

6）PC 楼梯安装后，踏步口宜用铺设木条或覆盖形式保护(图 1.61)。

图 1.60　PC 外墙板饰面砖保护　　　　图 1.61　PC 楼梯踏步口保护

7）PC 阳台板或 PC 空调板为成品产品时，表面和侧面宜选用木板等硬质材料铺盖。

2. 产品保护措施

(1)PC 构件运输过程中的产品保护措施

1）外墙板保护措施。

外墙板采用靠放，用槽钢制作满足刚度要求的支架，并对称堆放，外饰面朝外，倾斜角度保持在 5°~10°。墙板搁支点应设在墙板底部两端处，堆放场地需平整、结实。搁支点采用柔性材料。堆放好后采取固定措施。

墙板装车时采用竖直运送的方式，运输车上配备专用运输架，并固定牢固。同一运输架上的两块板采用背靠背的形式竖直立放，上部用花篮螺栓互相连接，两边用斜拉钢丝绳固定。

外墙板运输采用低跑平板车，车启动应缓慢，车速均匀，转弯变道时要减速，以防墙板倾覆。

2）叠合板保护措施。

叠合板采用平放运输，每块叠合板用 4 块木块作为搁支点，木块尺寸要相同。长度超过 4m 的叠合板应设置 6 块木块作为搁支点（板中应比一般板块多设置 2 个搁支点，以防预制叠合板中间部位产生较大的挠度）。叠合板的叠放应尽量保持水平，叠放数量不应多于 6 块，并且用保险带扣牢。运输时，车速不应过快，转弯或变道时须减速。

3）阳台板、预制楼梯保护措施。

阳台板、楼梯采用平放运输，用槽钢作搁支点，并用保险带扣牢。阳台和楼梯必须单块运输，不得叠放。

（2）现场产品堆放保护措施

外墙板运至施工现场后，按编号依次吊放至堆放架上，堆放架必须放在塔式起重机有效范围的施工空地上。外墙板放置时将面砖面朝外，以免面砖与堆放架相碰而脱落、损坏。

叠合板、阳台板、楼梯堆放时，要垫 4 包黄砂，做高低差调平之用，防止构件倾斜滑动。叠合板叠放时，用 4 块尺寸大小相同的木块衬垫，木块高度必须大于叠合板外露马凳筋的高度，以免上下两块叠合板相碰。阳台板、楼梯必须单块堆放。

所有预制构件堆场与其他设备、材料堆场须有一定的距离，堆放场地须平整、结实。

在预制构件卸运时，一定要拧紧吊具的螺钉，钢丝绳与预制构件接触面要用木板垫牢，以防板面破损。

（3）PC 产品吊装前后保护措施

预制外墙板成品出厂前，由构件厂在饰面面砖上铺贴一层透明保护薄膜，以防现场施工粉尘及楼层浇捣混凝土时外漏的浆液污染外墙面砖，并在装饰阶段用幕墙吊篮的方法由上向下进行剥除。预制阳台翻口上的预埋螺栓孔和预制楼梯侧面的接驳器要涂黄油，并用海绵棒填塞，以防混凝土浇捣时将其堵塞以及暴露在空气中产生锈蚀。

铝合金窗框在外墙板制作时预先贴好高级塑料保护胶带，并在外墙板吊装前由现场施工人员用木板保护，以防其他工序施工时损坏。

叠合板、阳台板吊装前在支撑排架上放置两根槽钢，叠合板和阳台板搁置在槽钢上。这样不仅可以避免钢管破坏叠合板和阳台板底面，还可以方便地控制叠合板和阳台板的标高和平整度。

吊装就位后，阳台板翻口、楼梯踏步须用木板覆盖保护。

（4）装饰阶段产品保护措施

在 PC 项目装饰阶段，楼地面、内装修等施工时，无论是施工搭接还是操作过程中，均应注意做好产品保护工作，以使工程达到优质低耗。

高级地砖及地板上应铺木屑或草垫。卫生设施施工完毕后，应用三夹板铺设进行保护。卫生设施等用房施工完毕后应进行封锁，并应实行登记、领牌、专人监护制度。

木门窗档用塑料薄膜将不靠墙处包实，以免污染墙面，影响做油漆。在门档离地 1.5m 处用夹板进行保护，并派专人负责开启门锁，施工人员不得随便进入。

外墙面砖铺贴完后，即在 2.5m 以下，采用彩条布进行全封闭保护。勾缝时可暂时拆除，待勾缝完成后，再次封密，直至工程竣工验收。

除设有符合规定的装置外，不得在施工现场熔融沥青或者焚烧油毡、油漆以及其他会产生有毒有害烟尘和恶臭气体的物质。进入现场的设备、材料必须避免放在低洼处，要将设备垫高，设备露天存放应加盖毡布，以防雨淋日晒。

1.1.8　质量验收划分与标准

1. 验收程序与划分

1）PC 结构质量验收按单位（子单位）工程、分部（子分部）工程、分项工程和验收批的划分进行。按照《建筑工程施工质量验收统一标准》（GB 50300—2013），土建工程分为 4 个分部，即地基与基础、主体结构（预制与现浇）、建筑装饰装修、建筑屋面；机电安装分为 5 个分部，即建筑给排水及采暖、建筑电气、智能建筑、通风与空调、电梯；建筑节能为一个分部。

2）PC 结构按 PC 构件质量验收部分、PC 构件吊装质量验收部分、部分现浇混凝土质量验收部分、PC 结构竣工验收与备案部分共 4 个部分划分。

2. PC 构件验收方法与标准

（1）PC 构件验收方法

PC 构件验收分为 PC 构件制作生产单位验收与施工单位（含监理单位）现场验收。

1）构件厂验收。

构件厂验收包含 5 个方面：模具、外墙饰面砖、制作材料（水泥、钢筋、砂、石、外加剂等）、外观质量、几何尺寸（后两个方面是成品后逐块进行的）。

2）现场验收。

应验收 PC 构件的观感质量、几何尺寸和 PC 构件的产品合格证等有关资料。对 PC 构件图纸编号与实际构件的一致性进行检查。对 PC 构件在明显部位标明的生产日期、构件型号、构件生产单位及其验收标志进行检查。按设计图纸的标准对 PC 构件预埋件、插筋、预留洞的规格、位置和数量进行检查。

（2）验收标准

验收标准如表 1.5~表 1.11 所示。

表 1.5　PC 钢模检测表

板编号＿＿＿＿＿

序号	检测项目	允许偏差	实测值	检验方法
1	边长	+1mm、−2mm		钢尺四边测量，每块检查
2	板厚	+1mm、−2mm		钢尺测量，取两边平均值
3	扭曲、翘曲、变曲、表面凹凸	−2mm、+1mm		四角用两根细线交叉固定，钢尺测中心点高度
4	对角线误差	−1mm、+2mm		细线测两根对角线尺寸，取差值，每块检查
5	预埋件	±2mm		钢尺检查
6	直角度	±1.5mm		用直角尺或斜边测量

表 1.6　PC 面砖入模检测表

板编号＿＿＿＿＿

序号	检测项目	允许偏差	实测值	检验方法
1	面砖质量（大小、厚度等）	—		入模粘贴前，按 10% 到厂箱数抽取样板，每箱任意抽出两张 295mm×295mm 瓷片作尺寸、缝隙检查，抽查
2	面砖颜色	—		入模粘贴前，检查瓷片颜色是否与送货单及预制厂样板一致，目测，抽查
3	面砖对缝（缝横平竖直、宽窄不一、嵌条落实、错缝超标等）	—		目测，与钢尺测量相结合，全数检查
4	窗上楣的鹰嘴	0、−1°		用三角尺，全数检查

表 1.7 PC 铝窗入模检测表

板编号 _____

序号	检测项目	允许偏差	实测值	检验方法
1	窗框定位（咬窗框宽度等）	±2mm		钢尺四边测量，抽测不少于30%
2	窗框方向	全部正确		对内外、上下、左右目测
3	45°拼角（无裂缝）	—		目测，每批检查不少于30%
4	管线预埋（防雷）	—		目测，全数检查无遗漏
5	防盗预埋（智能化）	—		目测，全数检查无遗漏
6	锚固脚片	—		目测，全数检查无遗漏
7	保温槽口	—		目测，全数检查
8	90°转角窗	确保为直角		直角尺检测，全数检查
9	对角线误差	±2mm		钢尺测量抽查不少于30%
10	窗框防腐	—		目测，全数检查
11	窗的水平度	±2mm		全数检查

表 1.8 PC 预埋件与预留孔洞检测表

板编号 _____

序号	检测项目		允许偏差	实测值	检验方法
1	预埋钢板	中心线位置	3mm		钢尺全数检查
		安装平整度	3mm		靠尺和塞尺全数检查
2	插筋	中心线位置	5mm		钢尺抽查检查
		外露长度	+10mm，0mm		钢尺抽查检查
3	预埋吊环	中心线位置	±50mm		钢尺全数检查
		外露长度	+10mm，0mm		钢尺全数检查
4	预留洞（中心线位置、大小、倾斜度与方向）	中心线位置等	5mm		钢尺、目测全数检查
5	预埋接驳器	中心线位置	5mm		钢尺全数检查
6	其他预埋件	中心线位置	5mm		钢尺全数检查

表 1.9 PC 钢筋入模检测表

板编号_____

序号	检测项目		允许偏差	实测值	检验方法
1	绑扎钢筋网	长、宽	±10mm		钢尺检查
		网眼尺寸	±20mm		钢尺量连续三挡，取最大值
2	绑扎钢筋骨架	长	±10mm		钢尺检查
		宽、高	±5mm		钢尺检查
3	受力钢筋	间距	±10mm		钢尺量两端、中间各一点，取最大值
		排距	±5mm		取最大值
		板保护层厚度	±3mm		钢尺全数检查
4	绑扎钢筋、横向钢筋间距		±20mm		钢尺量连接三挡，取最大值

注：钢筋保护层厚度不超过 25mm，每批钢筋都要取样进行力学性能检测试验。

表 1.10 PC 出厂装车前产品检测表

板编号_____

序号	检测项目	允许偏差	实测值	检验方法
1	出模混凝土强度	≥70%		抽查混凝土试验报告
2	预制板板长	±2mm		钢尺抽查
3	预制板板宽	±2mm		钢尺抽查
4	预制板板高	±2mm		钢尺抽查
5	预制板侧向弯曲及外面翘曲	±3mm		四角用两根细线交叉固定，钢尺测细线到对角线中心，抽查不少于30%
6	预制板对角线差	±3mm		细线测两根对角线尺寸，取差值
7	预制板内表面平整度（对非拉毛的板）	3mm		用2m靠尺和塞尺检查

序号	检测项目	允许偏差	实测值	检验方法
8	修补质量	按修补方案执行，气泡直径0.3mm以上要修补得不能有裂缝		按修补方案执行，修补位置要做好记录
9	产品保护	全数保护		目测
10	安装用的控制墨线	±2mm		全数钢尺检查
11	预埋钢板中心线位置	3mm		钢尺检查
12	预埋管、孔中心线位置	±3mm		钢尺检查
13	预埋吊环中心线位置	±50mm		钢尺检查
14	止水条（位置、端头、黏结力等）	—		目测、手拈拉
15	铝窗检查	检查是否有破坏、移位、变形		全数检查
16	出厂前预制板编号	—		全数检查
17	临时加固措施	—		按方案检查
18	出厂前检查新老混凝土结合处	拉毛洗石面		全数检查

注：对出厂的每块板随机抽查不少于5项。

表1.11 PC墙板面砖现场修补检测表

本表流水编号_____

序号	检测项目	允许偏差	实测值	备注
1	面砖修补部位（PC板编号、第几块）	—		—
2	面砖修补数量	—		—
3	混凝土割入深度	—		目测，全数检查
4	黏结剂饱和度	—		目测，全数检查
5	黏结牢固度	—		目测，全数检查
6	面砖对缝	—		目测，全数检查
7	面砖平整度	—		目测，全数检查

（3）PC 构件吊装验收内容和标准

1）吊装验收内容。

PC 构件堆放和吊装时，支撑位置和方法符合设计和施工图纸。吊装前，在构件和相应的连接、固定结构上标注尺寸标高等控制尺寸，检查预埋件及连接钢筋的位置等。

起吊时，绳索与构件通过铁扁担吊装。安装就位后，检查构件稳定的临时固定措施，复核控制线，校正固定位置。

2）吊装验收标准。

验收标准如表 1.12 和表 1.13 所示。

表 1.12 PC 墙板吊装浇混凝土前期每层检测表

_____ 号楼第 _____ 层

序号	检测项目	允许偏差	实测值	检验方法
1	板的完好性（放置方式正确，有无缺损、裂缝等）	按标准		目测
2	楼层控制墨线位置	±2mm		钢尺检查
3	面砖对缝	±1mm		目测
4	每块外墙板尤其是四大角板的垂直度	±2mm		吊线、2m 靠尺检查抽查 20%（四大角全数检查）
5	紧固度（螺栓帽、三角靠铁、斜撑杆、焊接点等）	—		抽查 20%
6	阳台、凸窗（支撑牢固、拉结、立体位置准确）	±2mm		目测、钢尺全数检查
7	楼梯（支撑牢固、上下对齐、标高）	±2mm		目测、钢尺全数检查
8	止水条、金属止浆条（位置正确、牢固、无破坏）	±2mm		目测
9	产品保护（窗、瓷砖）	措施到位		目测
10	板与板的缝宽	±2mm		楼层内抽查至少 6 条竖缝（楼层结构面+1.5m 处）

表 1.13　PC 墙板吊装浇混凝土后每层检测表

　　　　　　　　　　　　　　　　　　　　　　　　　　　号楼第　　　层

序号	检测项目	允许偏差	实测值	检验方法
1	阳台、凸窗位置准确性	±2mm		钢尺检查
2	产品保护(窗、瓷砖)	措施到位		目测
3	四大角板的垂直度	±5mm		J2 经纬仪(具体数据填于 A4 纸的平面图上)
4	楼梯(位置、产品保护)			目测
5	板与板的缝宽	±2mm		楼层内抽查至少 2 条竖缝(楼层结构面+1.5m 处)
6	混凝土的收头、养护	措施到位		目测

注：本表用于浇筑混凝土后 36h 内检查。

1.1.9　预制装配式住宅安全施工与环境保护

1. 安全技术要求

预制装配式混凝土结构施工过程中，应按照《建筑施工安全检查标准》(JGJ 59—2011)、《建筑工程施工现场环境与卫生标准》(JGJ 146—2013)等安全、职业健康和环境保护有关规定执行。施工现场临时用电安全应符合《施工现场临时用电安全技术规范(附条文说明)》(JGJ 46—2005)和用电专项方案的规定。

预制装配式混凝土结构施工和管理人员，进入现场必须遵守安全生产六大纪律。

部分现场施工的 PC 结构在绑扎柱、墙钢筋时，应采用专用高凳作业，当高于围挡时，必须佩戴穿芯自锁保险带。吊运 PC 构件时，下方禁止站人，必须待吊物降落离地 1m 以内方准靠近，就位固定后方可摘钩。

高空作业吊装时，严禁攀爬柱、墙钢筋等，也不得在构件墙顶行走。PC 外墙板吊装就位后，脱钩人员应使用专用梯子在楼内操作。

PC 外墙板吊装时，操作人员应站在楼层内，佩戴穿芯自锁保险带并与楼面内预埋件(点)扣牢。当构件吊至操作层时，操作人员应在楼内用专用钩子将构件系扣的缆风绳钩至楼层内，然后将外墙板拉到就位位置。

PC 构件吊装应单件(块)逐块安装，起吊钢丝绳长短一致，严禁两端一高一低。遇到雨、雪、雾天气，或者风力大于 6 级时，不得吊装 PC 构件。

2. 安全防护与措施

安全防护采用围挡式安全隔离时，楼层围挡高度应大于1.8m，阳台围挡高于1.1m。围挡应与结构层有可靠连接，以满足安全防护措施。围挡设置应采取吊装一块外墙板，拆除一块（榀）围挡的方法，按吊装顺序逐块（榀）进行。PC外墙板就位后，应及时安装上一层围挡。

安全防护采用操作架时，操作架应与结构有可靠的连接体系，操作架受力应满足计算要求。操作架要逐次安装与提升，禁止交叉作业，每一单元不得随意中断提升，严禁操作架在不安全状态下过夜。操作架安装、吊升时，如有障碍，应及时查清，排除障碍后方可继续。

操作人员在楼层内进行操作，在吊升过程中，非操作人员严禁在操作架上走动与施工。当一榀操作架吊升后，另一榀操作架端部出现临时洞口，此处不得站人或施工。

PC构件、操作架、围挡在吊升阶段，应在吊装区域下方用红白三角旗设置安全区域，配置相应警示标志，并安排专人监护，无关人员不得随意进入该区域。

3. 安全施工管理

项目安全管理应严格按照有关法律、法规和标准的安全生产条件组织PC结构施工。

PC结构项目管理部应建立安全管理体系，配备专职安全人员。建立健全项目安全生产责任制，组织制订项目现场安全生产规章制度和操作规程，以及PC结构生产安全事故应急预案。

项目部应对作业人员进行安全生产教育和交底，保证作业人员具备必要的安全生产知识，熟悉有关的安全生产规章制度和安全操作规程，掌握本岗位的安全操作技能。做好PC结构安全针对性交底，完善安全教育机制，做到有交底、有落实、有监控。

PC结构吊装、施工过程中，项目部相关人员应加强动态的过程安全管理，及时发现和纠正安全违章和安全隐患。督促、检查PC结构施工现场安全生产，保证安全生产投入的有效实施，及时消除生产安全事故隐患。

用于PC结构的机械设备、施工机具及配件，必须具有生产（制造）许可证、产品合格证。在现场使用前，进行查验和检测，合格后方可投入使用。机械设备、施工机具及配件必须由专人管理，定期进行检查、维修和保养，建立相应的资料档案。

安装工必须是体检合格人员，年龄应为30~45岁，经专业培训，持证上岗。

吊装及装配现场设置专职安全监控员，专职安全监控员应经专项培训，熟悉PC施工（装配）工况。起重工除持起重证外，还应经专业培训，熟悉工况，考试合格后方可上岗。

4. 文明施工与环境保护

PC构件运输过程中，应保持车辆整洁，防止污染道路，减少道路扬尘。构件运输中洒落于道路的渣粒、散落物、轮胎带泥等，经车辆碾压后会形成粒径较小的颗粒物进入空气，形成扬尘，要加以防止。

施工现场应加强对废水、污水的管理，现场应设置污水池和排水沟。废水、废弃涂料、胶料应统一处理，严禁未经处理而直接排入下水管道。施工现场废水、污水不经处理排放，会导致水质和沉积物的物理、化学性质或生物群落发生变化，影响正常生产、生活以及生态系统平衡。

PC 构件施工中产生的黏结剂、稀释剂等易燃、易爆的废弃物应及时收集送至指定储存器内，严禁未经处理随意丢弃和堆放。施工现场要设置废弃物临时置放点，并指定专人管理。由专人负责废弃物的分类、放置及管理工作，废弃物清运必须由合法单位进行，且运输符合规定要求。对于有毒有害废弃物，必须利用密闭容器装存。

PC 外墙板内保温系统的材料，即采用粘贴板块或喷涂工艺的内保温材料，其组成材料应彼此相容，并应对人体和环境无害。内保温材料的选择应不牵涉放射性物质污染源。材料选择前，应检查发射性指标，进场后应进行取样送样检测，合格后方能使用。

在 PC 结构施工期间，应严格控制噪声，遵守《建筑施工场界环境噪声排放标准》（GB 12523—2011）的规定。噪声污染具有暂时性、局限性和分散性，《中华人民共和国环境噪声污染防治法》指出：在城市市区范围内向周围生活环境排放建筑施工噪声的，应当符合国家规定的建筑施工场界环境噪声排放标准。

在夜间施工时，应避免光污染对周边居民的影响。建筑施工常见的光污染主要是可见光。夜间现场照明灯光、汽车前照灯光、电焊产生的强光等都是可见光污染。可见光的亮度过高或过低、对比过强或过弱都有损于人体健康。

1.2　实践操作：工程实例分析

万科新里程 A03 地块 B1 标段 20 号楼是国内第一幢住宅产业化 PC 楼，整个工程建造过程基本与发达国家在生产线上装配房屋的情况相同，从而一改过去人们对"工程施工必须搭设脚手架，拉起绿网"的印象。PC 工程作为新型绿色环保节能建筑，具有工业化程度高、节约资源、机械化程度明显提高、操作人员劳动强度和高空湿作业减少，并避免或减少对周边环境的影响等特点。这一绿色环保节能型建筑为工程建筑拓展新领域，开发新产品和新工艺提供了一个平台和契机，这也是我国商品住宅建造方式上的一次突破性尝试，将有望在国内逐步推广，成为节能降耗的优势品牌工艺，为探索绿色建筑产业化施工新途径和现场施工新模式提供范例。

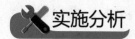
实施分析

1. 工程概况

万科新里程 PC 项目位于上海市浦东新区高青路 2878 号，是浦东新里程 A03 地块 B1 标段 20 号商品住宅楼，建筑面积为 7 531.94m²，14 层，层高 2.92m，建筑高度为 42.525m，东西长 47.87m，南北宽 11.935m，两个单元，一梯三户（图 1.62）。按照"套型建筑面积 90 平方米以下住宅面积占开发建筑总面积 70%以上"标准设计，为 90/70 户型。

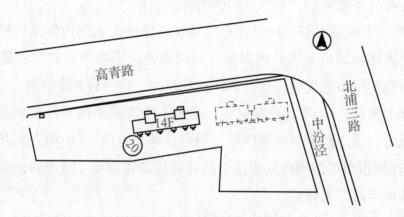

图 1.62 工程概况平面图

装配式施工
建筑技术讲解

2. PC 技术特点与施工难点

（1）结构设计特点

本住宅楼外墙采用 PC 外墙板，楼板及阳台板采用 PC 叠合板，室内楼梯采用 PC 楼梯，柱、梁采用现浇结构形式，为框架结构。外墙铝合金窗框、饰面砖在构件制作时一并完成。

PC 外墙板防水方法采用节点自防水，在内侧、中间和外侧设置 3 道防水体系，分别是止水条防水、空腔构造防水和密封材料防水。

（2）工厂化制作特点

本工程 PC 构件全部采用工厂化加工制作，构件制作精度高，成品观感质量好，优于现场现浇混凝土结构。预制构件成型模具一次投入后，可在多幢建筑中反复使用，提高了利用率，达到了资源节约和成本降低的效果。

特殊加工的外墙饰面砖与构件混凝土浇捣成整体，避免了不安全的脱落问题和湿作业施工粉尘的产生。断热型铝合金外门窗框直接预埋于外墙构件中，外门窗渗漏从工艺制作上得到解决。

（3）现场施工难点

1）该工程在楼层工序搭接上，先吊装 PC 外墙板，再施工现浇柱、梁，对 PC 外墙板装配的临时固定连接及装配误差控制有特殊技术要求。

2）装配式结构采用非常规安全技术措施，颠覆传统搭设脚手架的操作方法，吊装、施工时的安全围挡和安全防护措施与常规安全技术无可比性。

3）本工程最大一块 PC 构件单件质量达 6t 多，尺寸为 6.69m×2.97m，厚度仅 160mm，局部 110mm，施工垂直吊运机械选用与构件的尺寸组合，形成了技术难点。

4）施工工序控制与施工技术流程既相互影响，又相互联系。合理分配和调整工序搭接，既要保证 PC 构件装配技术，又要顾及整体施工工况。

5）本工程 PC 构件量大件多，构件运输、固定、堆放是保证正常装配施工的重要环节。

3. 关键施工方案

（1）PC 构件制作与养护

本工程 PC 构件制作采用工厂化流水生产，各种 PC 构件全部采用加工定型模具生产。墙、板模板主要采用平躺方式，由底模、外侧模和内侧模组成（图 1.63）；墙、板正面和侧面全部和模板密贴成型，使墙、板外露面能够做到平整光滑，观感质量好；墙、板翻转主要利用专用夹具，转 90°正位。

图 1.63　PC 构件制作

断热型铝合金窗框直接预埋在 PC 外墙板中。窗框安装时，在模具体系上安装一个和窗框尺寸同大的限位框；窗框直接固定在限位框上，以防窗框固定时被划伤和撞击，框上下方均采用可拆卸框式模板，分别与限位框和整体模板固定连接。

PC 外墙板饰面砖通过特殊工艺加工制作而成，主要工艺为：选择、确定面砖模具格→在模具格中放入面砖→嵌入定制分格条→用滚筒压平→粘贴保护纸→用专用刷刷粘牢固→用专用工具压粘分格条→板块面砖成型产品。

预制墙板面砖铺贴时，先清理模具，再按墙面面砖控制尺寸和标高在模具上设置标记，放置并固定成型产品面砖。PC 构件混凝土浇筑时，重点保护模具支架及钢筋骨架、饰面砖、窗框和预埋件。

PC 构件养护采用低温蒸养，即表面遮盖油布做蒸养罩、内道蒸汽的方法进行（图 1.64）。油布与混凝土表面隔开 300mm，形成蒸汽循环的空间。

蒸养分静停、升温、恒温和降温 4 个阶段。为确保蒸养质量，PC 构件蒸养过程采用自动控制。蒸养构件的温度和周围环境温度差不大于 20℃时，揭开蒸养油布，PC 构件达到设计强度要求后，翻转起吊和堆放。

图 1.64　PC 构件蒸汽养护

（2）PC构件运输与堆放

工厂化PC构件采用低跑平板车运输，PC叠合板、PC阳台和PC楼梯采用平放运输，PC外墙板采用竖直立方式运输（图1.65）。PC外墙板养护完毕即安置于运输架上，每一个运输架上放置两块PC外墙板。为确保装饰面不被损坏，放置时插筋向内、装饰面向外，放置时的倾斜角度不小于30°，以防止倾覆。为防止运输过程中PC外墙板损坏，在运输架上设置定型枕木，在PC构件与架子、架子与运输车辆之间进行可靠的固定连接。

图1.65 PC构件运输

现场堆放时，PC构件连同插放架一起堆放在塔式起重机有效范围的施工场地内。平放的构件在底面架设枕木或定型混凝土块，插放架上的PC外墙板应设置可靠的防倾覆措施。

（3）吊装机械布置方案

本工程PC构件单件最大质量达6t多，吊点最远端构件离塔式起重机中心40m。在吊装机械选择与布置上，塔式起重机采用固定式机型，型号为H3/36B，臂长40m处的最大起重量超过6t，满足PC构件吊运与装配施工起重要求。

（4）PC构件装配工况

按照PC施工控制、装配工序和搭接，该PC项目设计为5个工况。

1）工况一：楼层弹线，标高引测，柱筋绑扎，拆除外墙安全围挡[图1.66（a）]。

2）工况二：PC外墙板运至现场，并依次装配、校核[图1.66（b）]。

3）工况三：柱支模，PC叠合板、PC阳台搭设支撑架并吊装[图1.66（c）]。

4）工况四：楼层梁、板钢筋绑扎，PC楼梯装配[图1.66（d）]。

5）工况五：现浇部分的混凝土浇捣[图1.66（e）]。

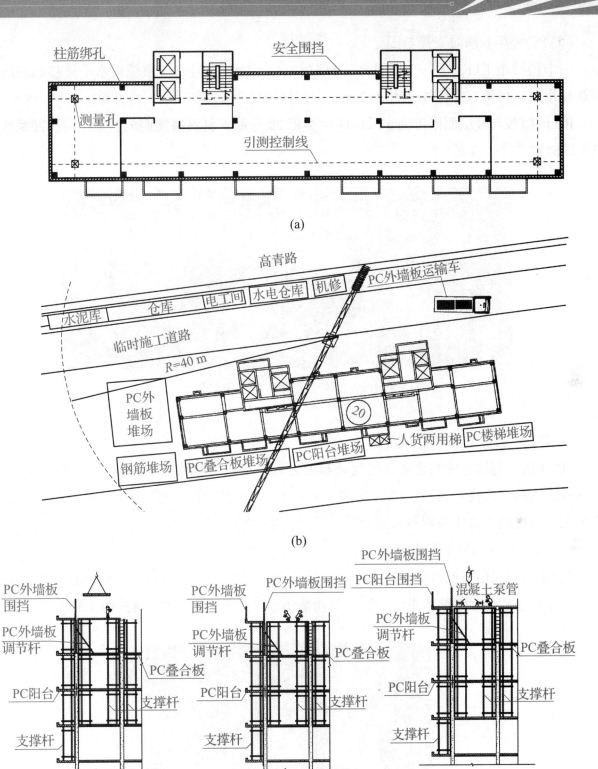

图 1.66 PC 构件装配工况

（a）工况一；（b）工况二；（c）工况三；（d）工况四；（e）工况五

（5）PC 外墙板临时支撑与固定

一个楼层施工后，下一个楼层 PC 外墙板先行装配。临时支撑系统由水平连接和斜向可调节螺杆组成，可调节螺杆外管为 $\phi52\times6$，中间杆直径为 $\phi28$。

PC 外墙板与楼层面限位固定采用两组 L 形 20 号槽钢材料拼接而成，采用可拆卸螺栓固定（图 1.67）。

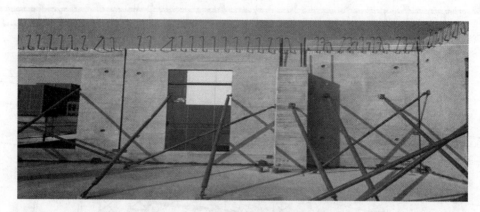

图 1.67　PC 外墙板临时支撑与固定

（6）PC 外墙板与结构柱连接

PC 外墙板与结构柱的连接方式为板与板之间拼缝设置在结构柱外侧，通过在 PC 外墙板上预留锚固筋与现浇柱混凝土浇灌连接。为解决墙板预留筋与柱筋重叠碰撞问题，简化吊装和施工。本次施工方法采用预留接驳器，后设置锚固筋工序搭接。

（7）防水节点与施工方法

PC 外墙板采用节点自防水，通过内、外、中 3 道防水体系防水。内侧的橡胶空心止水条在工厂化制作生产时粘贴，中间设置空腔构造防水，外侧为密封防水胶（图 1.68）。

图 1.68　PC 外墙板防水节点

🔧 4. 安全围挡与安全防护措施

综合吊装、安装和楼层施工的搭接及安全需要，本工程选用安全围挡方案（图 1.69）。PC 外墙板围挡制作高度 1.8m，阳台围挡高 1.1m，围挡采用方形钢管制作，并用镀锌钢丝网封闭。围挡放置采用吊装一块 PC 外墙板，拆除一榀围挡的方法，按吊装顺序逐榀进行。PC 外墙板就位后，及时安装上一层围挡。外墙不再需要搭设传统的操作脚手架。

图 1.69 安全围挡

在安全防护措施上，在楼层 PC 外墙板吊装前，在操作层下面通过外墙窗洞口设置平铺网，作为高空防坠落第二道安全设防。

在 PC 外墙板吊装过程中，在吊装区下方设置安全区域，安排专人监护，该区域为安全吊装范围。

BIM装配式
施工演示

5. 实施效果与结论

1）以工厂化预制构件为主要构件，经装配、连接、部分现浇而成混凝土结构，作为国内第一幢住宅 PC 楼，符合产业化发展潮流，为绿色环保节能型建筑推进提供范例。

2）采用特殊加工的外墙饰面砖与构件浇捣成整体，避免不安全的脱落和湿作业施工粉尘的产生。外门窗框直接预埋于外墙构件中，使防渗漏从工艺制作上得到解决。

3）PC 外墙板采用空腔构造防水、止水条和密封材料3道节点防水体系，确保了使用功能，提高了功能质量。

4）PC 构件外墙饰面工厂化生产，装配吊装颠覆了传统搭设脚手架的方法，改变了传统的施工模式，在住宅建造方式上成功地进行了一次突破性尝试。

装配式框架结构施工与安装项目

2.1 知识准备：装配式框架结构施工 工艺流程与施工技术

2.1.1 装配式框架结构施工工艺流程

1. 结构特点

装配式混凝土框架结构具有施工效率高、现场湿作业少、用工量少、绿色环保节能等优势（图 2.1）。

装配式框架结构施工工艺流程

图 2.1 装配式混凝土框架结构

2. 装配式框架结构施工安装组织及准备

(1)规范、标准对施工组织的要求

《装配式混凝土结构技术规程》(JGJ 1—2014)第 12.1.1 条提出,对施工组织设计和施工方案的要求,应制订装配式结构施工专项方案。施工方案应结合结构深化设计、构件制作、运输和安装全过程各工况的验算,以及施工吊装与支撑体系的验算等进行策划和制订,充分反映装配式结构施工的特点和工艺流程的特殊要求。

装配式结构工程专项施工方案包括模板与支撑专项方案、钢筋专项方案、混凝土专项方案及预制构件安装专项方案等。装配式结构专项方案主要包括但不限于下列内容:整体进度计划、预制构件运输、施工场地布置、构件安装、施工安全、质量管理、绿色环保。

(2)组织管理特点和难点(图 2.2)

图 2.2 部分施工现场场景

全产业链缺少专业化队伍,需要提高专业化水平、加强协同组织能力;普及专业化施工队伍及专业化工器具,向工业化管理模式努力转变。

(3)施工组织与管理部署

施工组织与管理部署如图 2.3 所示。

工业化项目施工方案与传统项目有以下区别。

1)以起重设备为主导因素进行整个施工现场布置。

2)决定起重设备的因素为作业半径、构件质量、施工进度、场地行车道路。

3)施工以构件安装为主线,其他现浇传统施工为辅助。

(4)实施重点

1)专业化施工管理与专业化施工技术体系的配合。

2)设计施工一体化承包模式。

3)工业化建造方式对总承包管理能力的要求。

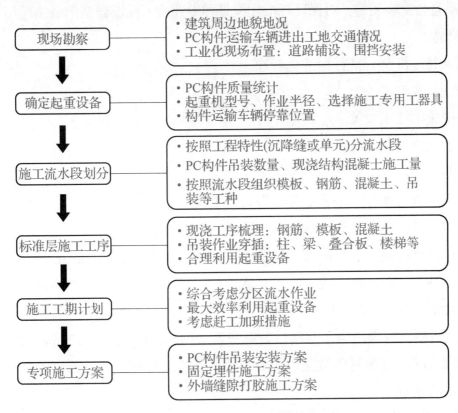

图 2.3 施工组织与管理部署

（5）装配整体式结构体系和现浇结构体系的主要差别

1）项目实施参与各方的职责定位：现阶段的装配式住宅结构产业化项目推行主要是以开发单位为主，由业主牵头，总包单位协调设计单位、构件供应单位、施工深化单位、专业施工队伍进行集成组织配合。

2）关键线路的形成与工期优化：对于装配整体式结构施工的关键线路，在主体标准层既要考虑预制混凝土结构的施工工序，又要考虑现浇混凝土结构部分的施工工序，其关键工序与全现浇混凝土结构有较大不同。

3）关键工序的优化与专业施工班组配合：装配式结构与现浇连接部位很多关键工序是相关工序，如预制墙体的灌浆作业，需要灌浆料的强度达到要求才能进行预制墙体间现浇部位模板安装作业。

在关键工序的优化和专业化施工队伍的技术培训方面，不仅需要通过专业化施工作业缩短流水节拍、采用标准化工艺来提高工效，还需要在装配工艺的设计、专业工具、专业人员等方面进行系统优化。

4）质量控制与施工质量验收：

①装配式结构施工体系的质量控制由构件生产和现场装配施工两个阶段完成。

②总包单位以包代管的管理方式已不能满足装配式结构施工体系的质量体系控制要求。预

制构件的制作质量与安装质量，对保证标准化模具和专业施工标准做法的成熟应用尤为重要。

（6）管理措施

1）建立协调管理机制，推行标准化管理。

2）组织合理流水施工。

3）进行关键施工技术攻关。

4）建立工业化预制建筑经济核算标准。

（7）起重设备选择。

1）应根据平面图选择合适吊装半径的塔式起重机。

2）对最重构件进行吊装分析，确定吊装能力。

3）检验构件堆放区域是否在吊装半径之内，且相对于吊装位置是否正确，避免二次移位。

4）起重设备种类：塔式起重机、履带式起重机、汽车式起重机、非标准起重装置（拔杆、桅杆式起重机）配套吊装索具及工具。

以某装配式混凝土框架结构示范项目为例：该结构长 50.4m、宽 12.6m，预制柱重约 5.8t（首层）、4.4t（2～8 层），预制梁最重约 3.7t，预制楼梯最重约 2.7t，预制外挂墙板最重约 5t，预制叠合板最重约 0.5t。

选用 H3/36B 塔式起重机，最大工作幅度为 40m，最大起重量为 12t（幅度≤23.2m），最大幅度时起重量为 6.8t（图 2.4）。

（8）施工组织管理特点

1）项目劳动队伍应具有专业化水平高、协同组织能力强的特点。

2）应做到从施工组织到构件吊装、支模绑筋、节点混凝土浇筑均为专业班组作业，接近产业工人管理模式。

3）项目实施需要整套的装配构件施工组织经验和专业队伍协同作业管理体系。

图 2.4　特殊构件吊装

（9）施工安装专用工器具

预制构件施工安装过程中应用大量的预制构件专用安装工器具，提高了施工安装效率，保证了安装质量，如通用吊装梁、预制构件水平、竖向支撑，套筒灌浆及搅拌设备，预制外挂板插放架、预制梁夹具等（图 2.5～图 2.10）。

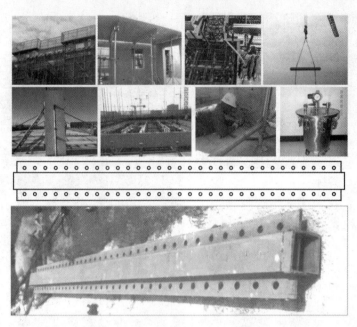

图 2.5 通用吊装平衡梁

图 2.6 模数化通用吊装平衡梁

(a)   (b)

图 2.7 施工安装专用工器具

(a)墙板组装；(b)木制撬棍

图 2.8 预制构件安装用水平、竖向支撑体系

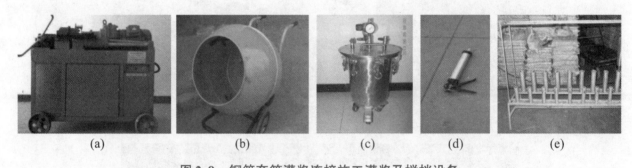

| (a) | (b) | (c) | (d) | (e) |

图 2.9 钢筋套筒灌浆连接施工灌浆及搅拌设备

(a)直螺纹剥肋机;(b)灌浆料搅拌器;(c)注浆桶;(d)注浆器;(e)通用试件架

图 2.10 预制外挂板插放架、预制梁夹具等

2.1.2 装配式框架结构施工安装关键技术

1. 标准层施工安装主要流程

标准层施工安装主要流程如图 2.11 所示。

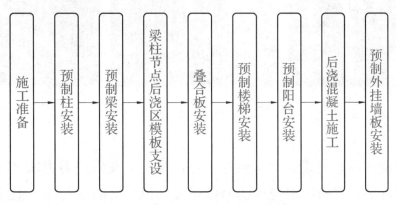

施工准备 → 预制柱安装 → 预制梁安装 → 梁柱节点后浇区模板支设 → 叠合板安装 → 预制楼梯安装 → 预制阳台安装 → 后浇混凝土施工 → 预制外挂墙板安装

图 2.11 标准层施工安装主要流程

1)施工准备：

①在预制构件厂，应对典型梁柱节点进行预拼装，以提高施工现场安装效率。

②对整个吊装过程进行施工组织设计，防止由于吊装过程设计不合理而导致的工期延误。

③对预制构件进行有效编号，并保证预制构件的加工制作及运输与施工现场吊装计划相对应。

2)预制柱安装：找平→柱吊装就位→柱支撑安装→柱纵筋套筒灌浆→预制柱上侧节点核心区浇筑前安装柱头钢筋定位板(图 2.12)。

　　　(a)　　　　　　　　(b)　　　　　　　　(c)　　　　　　　　(d)

图 2.12 预制柱安装

(a)预制柱吊装；(b)预制柱吊装就位；(c)预制柱支撑安装；(d)预制柱套筒灌浆

3)预制梁安装：梁支撑安装→梁吊装就位→调节梁水平与垂直度→梁钢筋连接→梁灌浆套筒灌浆(图2.13)。

图 2.13 预制梁安装

4)梁柱节点后浇区模板支设：对于梁柱节点后浇区域及现浇剪力墙区域使用的模板，宜采用定型钢模，也可采用周转次数较少的木模板或其他类型的复合板，但应防止在混凝土浇筑时产生较大变形(图2.14和图2.15)。

图 2.14 后浇区工具式模板

图 2.15 梁柱节点后浇区

5)叠合板安装：叠合板支撑安装→叠合板吊装就位→叠合板位置校正→绑扎叠合板负弯矩钢筋，支设叠合板拼缝处等后浇区域模板(图 2.16)。

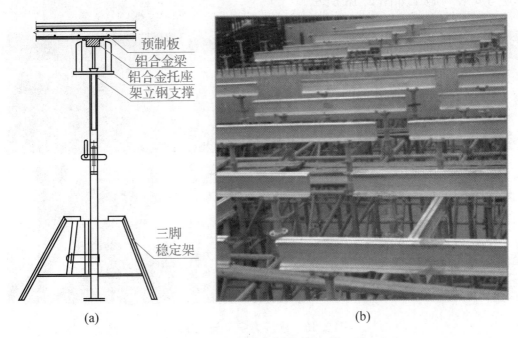

图 2.16　叠合板支撑安装

（a）三脚架支撑(层高低于 3.5m 时可用)；（b）盘扣式支撑(层高较大时用)

6)叠合梁板钢筋铺设、混凝土浇筑，如图 2.17 所示。

图 2.17　钢筋铺设、混凝土浇筑

2. 预应力构件

1）预应力安装与施工如图 2.18 所示。

图 2.18 预应力安装与施工

2）预制梁节点预应力施工如图 2.19 所示。

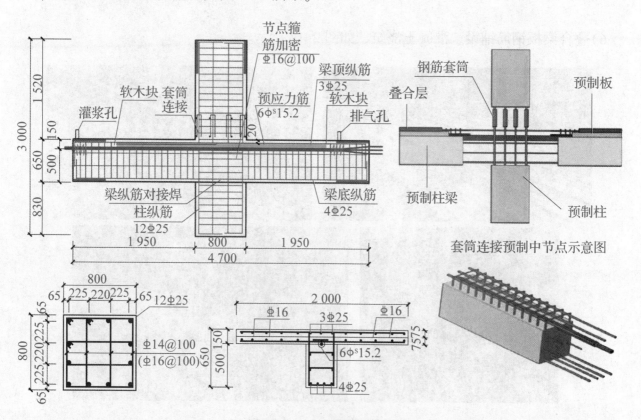

图 2.19 预制梁示意图

3）节点试件制作及预应力筋张拉如图 2.20 和图 2.21 所示。

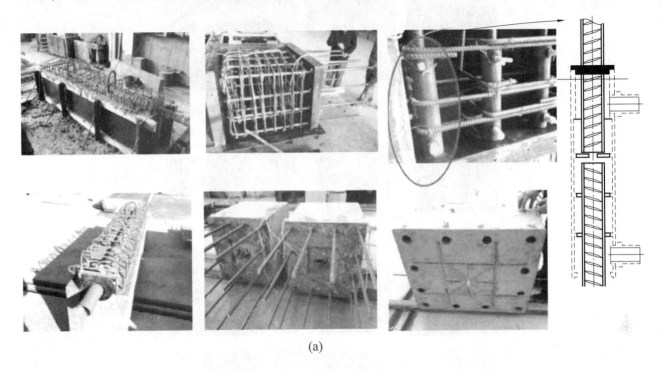

(a)

(b)

图 2.20　节点试件制作

(a)构件浇筑钢筋套筒示意；(b)节点拼装

图 2.21 预应力筋张拉

2.1.3 装配式框架结构相关施工工法

本节基于装配整体式混凝土框架设计施工及节点抗震性能研究(采用新型高效大直径钢筋灌浆套筒)、预制型钢混凝土框架结构抗震性能研究及装配整体式预应力混凝土框架节点的抗震性能研究,重点介绍以下 3 种方法。

1. 装配式混凝土框架结构施工工法

(1)工法概况

该施工工法主要包括预制梁、预制柱、预制楼梯、预制混凝土叠合板、预制阳台、预制外挂夹心墙板等预制构件施工安装技术。

预制主梁梁底主筋采用灌浆套筒和直螺纹套筒连接;上下预制柱间纵筋通过灌浆套筒连接;现浇剪力墙与预制柱之间采用直螺纹套筒连接。

(2)工法主要特点

1)该工法中预制梁、预制柱、预制楼梯、预制混凝土叠合板、预制外挂墙板等预制构件均可实现工业化生产，且施工安装方便。

2）该工法中采用的梁柱节点、主次梁、柱与墙等接缝处的连接构造工艺简便，施工效率高，可有效保证该结构连接处的连接质量(图 2.22)。

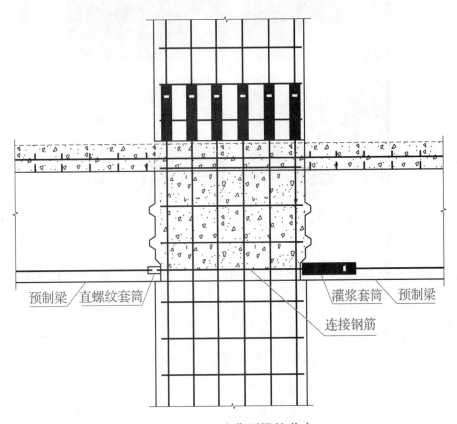

预制梁 直螺纹套筒 灌浆套筒 预制梁 连接钢筋

图 2.22 工法典型梁柱节点

(3)工法适用范围

该工法适用于多高层装配式混凝土框架结构及框架–剪力墙结构体系施工。目前，已在装配式混凝土框剪结构示范工程——长阳天地产业化住宅装配式框架结构等项目中进行应用(图 2.23 和图 2.24)。

图 2.23 北京市装配式预应力混凝土框剪结构示范项目

图 2.24　北京市长阳天地产业化住宅项目

该项目地下 1 层，地上 8 层，面积约 8 000m²，主体结构±0.000 以下采用现浇，首层及以上标准层均采用装配式预应力混凝土框架-剪力墙结构。

本工程为预制混凝土框架结构，地上 8 层，其中首层为现浇结构，2~8 层采用装配式混凝土框架结构，梁柱节点核心区及梁板叠合层采用后浇混凝土浇筑完成。

2. 装配式型钢混凝土框架结构施工工法

（1）工法概况

该工法主要包括预制型钢混凝土梁柱构件间、预制型钢混凝土柱构件间采用型钢连接的施工安装方法等装配式型钢混凝土施工安装技术。

预制主梁梁底主筋采用焊接连接，梁柱间及上下柱间型钢采用焊接及高强螺栓连接，上下预制柱间纵筋通过灌浆套筒连接（图 2.25）。

图 2.25　装配式型钢混凝土框架结构施工

（2）工法主要特点

1）预制梁、柱构件接头处均预埋型钢，预制构件间通过型钢及钢筋连接完成施工，预制梁、柱构件节点连接质量较高（图 2.26）。

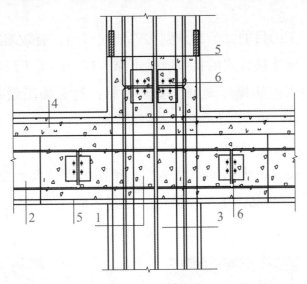

图 2.26 工法典型梁柱节点

1—现浇混凝土；2—预制梁；3—预制柱；4—预制板；5—套筒连接或焊接；6—高强螺栓连接或焊接

2）有效节约了模板、支撑等材料用量，减少了现场湿作业量，降低了粉尘和噪声污染，减少了污水排放和建筑垃圾，具有良好的环保效益。

（3）工法适用范围

该工法适用于多高层装配式型钢混凝土框架结构的标准层施工，在公建工程、新建厂房及住宅楼等项目中进行了初步应用。

3. 钢筋套筒灌浆连接施工工法

（1）工法概况

钢筋套筒灌浆连接接头解决了预制混凝土装配式构件钢筋连接的难题。该接头形式的单向拉伸、高应力反复拉压、大变形反复拉压等指标全部满足《钢筋机械连接技术规程》（JGJ 107—2016）中对接头的要求。

钢筋套筒灌浆连接施工的灌浆套筒安装及灌浆工艺是装配式混凝土结构施工的关键工序（图 2.27）。

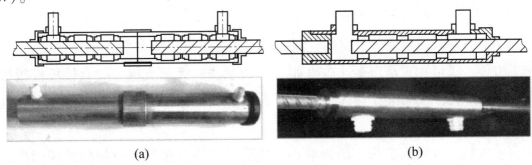

(a)   (b)

图 2.27 钢筋套筒灌浆连接施工

（a）全灌浆套筒；（b）半灌浆套筒

（2）工法主要特点

1）可达到快速高效施工的目的，节约预制构件装配时间，有效缩短工期。

2）采用该工法灌浆套筒连接方式的接头质量可靠，接头满足Ⅰ级接头性能要求。

3）丝头加工及现场灌浆连接操作简便，安全可靠；丝头加工设备及灌浆设备机功率小，不需专用配电，无明火作业，可全天候施工，环保节能。

（3）工法适用范围

该工法可应用于装配式混凝土结构中预制柱、预制剪力墙及预制梁等预制构件钢筋连接节点（图2.28），已在北京、河北、辽宁、福建、新疆等地区的装配式混凝土剪力墙结构、框架结构中进行了应用。

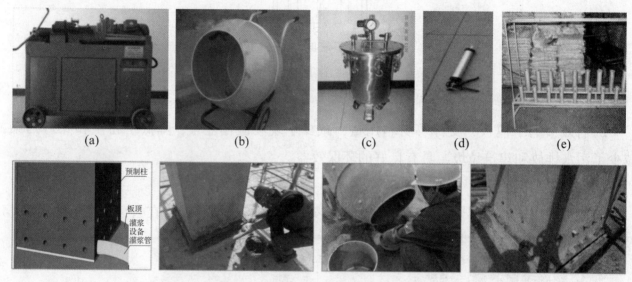

图2.28　钢筋套筒灌浆连接施工工法

（a）直螺纹剥肋机；（b）灌浆料搅拌器；（c）注浆桶；（d）注浆器；（e）通用试件架

2.1.4　项目举例简介

1. 预制装配式框架结构特点

1）可以制作各种轻质隔墙分割室内空间，房间布置可以灵活多变。

2）施工方便，模板和现浇混凝土作业很少，预制楼板无须支撑，叠合楼板模板很少。采用预制或半预制形式，现场湿作业大大减少，有利于环境保护和减少噪声污染，可以减少材料和能源浪费。

3）建造速度快，对周围工作生活影响小。建筑尺寸符合模数，建筑构件较标准，具有较大的适应性，预制构件表面平整，外观好、尺寸准确，并且能将保温、隔热、水电管线布置等多方面布置结合起来，有良好的技术经济效益。

4) 预制结构周期短，资金回收快。由于减少了现浇结构的支模、拆模和混凝土养护等时间，施工速度大大加快，从而缩短了贷款建设的还贷时间及投资回收周期，减少了整体成本投入，具有明显的经济效益。

5) 装配式建筑是将构件厂加工生产的构件，通过特制的构件运输车辆搬运到施工现场再进行安装。在装配式建筑设计中，构件的形状、尺寸和重量必须与起重运输和吊装机械相适应，以充分发挥机械效率。

6) 装配式建筑在设计和生产时还可以充分利用工业废料，变废为宝，以节约良田和其他材料。近年来，在大板建筑中已广泛应用粉煤灰矿渣混凝土墙板，在砌块建筑中已广泛使用烟灰砌块砖等。

7) 在预制装配式建筑建造过程中，可以实现全自动化生产和现代化控制，在一定程度上促进了建筑工业的工业化大生产。

2. 施工工艺流程

施工工艺流程及现场施工如图 2.29 和图 2.30 所示。

楼梯施工

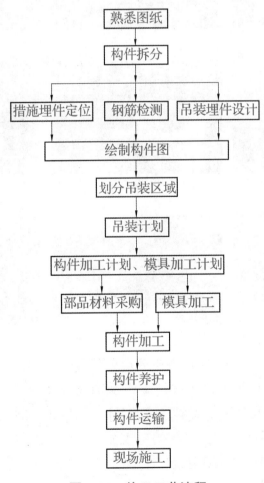

图 2.29　施工工艺流程

图 2.30 预制装式框架结构施工

(a)图纸设计、产品定型；(b)下单工厂开模、制作构件；(c)构件检验合格出厂；(d)构件按图和施工要求编号运达现场；(e)构件施工现场检验编号核对；(f)构件支架现场质量、标高、位置核验；(g)构件细部尺寸核对；(h)构件吊装就位；(i)构件装配质量验收并记录；(j)柱吊装准备；(k)吊装就位；(l)柱轴线位置复核；(m)柱轴线位置复核；(n)安装柱斜撑；(o)垂直度调整

图 2.30 预制装式框架结构施工(续)

(p)脚注浆后上部梁板施工；(q)梁吊装准备；(r)放梁位置；(s)柱顶标高复核；(t)起吊时水平调整；
(u)PC梁吊装；(v)钢筋对位；(w)PC梁就位；(x)梁精确就位；(y)梁标高调整；(z)梁吊装完成；
(A)楼梯进场；(B)楼梯起吊；(C)楼梯吊装；(D)楼梯就位

图 2.30　预制装式框架结构施工(续)

(E)楼梯吊装完成；(F)PC 墙进场；(G)吊装吊具；(H)安装固定件；(I)PC 墙翻身；(J)PC 墙吊装；
(K)PC 墙就位；(L)调整固定件；(M)PC 墙就位调整；(N)PC 墙高度调整；
(O)PC 墙前后调整；(P)拉斜支撑；(Q)PC 墙顶面水平精确调整

2.1.5　全装配式混凝土框架结构施工要点

预制装配式混凝土框架结构是一种重要的建筑结构体系，作为一种工业化的建筑生产方式，其以施工速度快、经济效益和环境效益好等优点越来越受到设计人员及业主的关注。

1. 预制全装配式混凝土框架结构施工准备

（1）材料及主要机具选择准备

预制钢筋混凝土梁、柱、板等构件均应有出厂合格证。构件的规格、型号、预埋件位置及数量、外观质量等，均应符合设计要求及《混凝土结构工程施工质量验收规范》（GB 50204—2002）的规定。水泥宜采用普通硅酸盐水泥；柱子捻缝宜采用膨胀水泥或普通硅酸盐水泥，不宜采用矿渣水泥或火山灰质水泥。石子含泥量不大于 2%，中砂或粗砂含泥量不大于 5%。电焊条必须按设计要求及焊接规程的有关规定选用，包装整齐，不锈不潮，应有产品合格证和使用说明。模板按构造要求及所需规格准备齐全，刷好脱模剂，方木采用厚木板。主要机具为吊装机械、焊条烘干箱、电焊机及配套设备、卡环、钢丝绳、柱子锁箍、花篮校正器、溜绳、支撑、板钩、经纬仪、塔尺、水平尺、铁扁担、靠尺板、倒链、千斤顶、撬棍、钢尺等（图 2.31）。

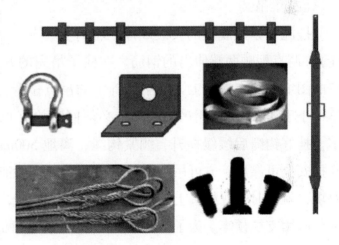

图 2.31　施工主要机具

（2）施工进场准备

根据结构施工图和构件加工单，核查进场构件的型号、数量、规格、混凝土强度及预埋铁件、预留插筋位置、数量等是否符合设计图纸，是否有构件出厂合格证。在构件上弹好轴线（中线），即安装定位线，注明方向、轴线号及标高线。柱子应三面弹好轴线。首层柱子除弹好轴线外，还要三面标注±0.00 水平线，弹好预埋件十字中心线。梁的两端弹好轴线，利用轴线控制安装定位。构件连接锚固的结构部位施工完毕，放好楼层柱网轴位线及标高控制线，抹好上下柱子接头部位的叠合层，预埋和找平定位钢板并校准其标高。按照施工组织设计选定的吊装机械进场，并经试运转鉴定符合安全生产规程，准备好吊装用具，方可投入吊装。

搭设脚手架、安全防护架：按照施工组织设计的规定，在吊装作业面上搭设吊装作业脚手架和操作平台及安全防护设施，并经有关人员检查、验收、鉴定，符合安全生产规程后，方可正式作业。将本楼层需用的梁、柱、板等构件按平面位置就近平放。正式施焊前须进行焊接试验以调整焊接参数，提供模拟焊件，经试验合格者，方可操作。

2. 预制全装配式混凝土框架结构工艺流程

(1)柱子吊装

一般沿纵轴方向往前推进,逐层分段流水作业,每个楼层从一端开始,以减少反复作业,当一道横轴线上的柱子吊装完成后,再吊装下一道横轴线上的柱子。清理柱子安装部位的杂物,将松散的混凝土及高出定位预埋钢板的黏结物清除干净,检查柱子轴线及定位板的位置、标高和锚固是否符合设计要求。对预吊柱子伸出的上下主筋进行检查,按设计长度将超出部分割掉,确保定位小柱头平稳地坐落在柱子接头的定位钢板上。将下部伸出的主筋调直、理顺,保证同下层柱子钢筋搭接时贴靠紧密,便于施焊。柱子吊点位置与吊点数量由柱子长度、断面形状决定,一般选用正扣绑扎,选在距柱上端600mm处卡好特制的柱箍。在柱箍下方锁好卡环钢丝绳,吊装机械的钩绳与卡环相钩区用卡环卡住,吊绳应处于吊点正上方。慢速起吊,待吊绳绷紧后暂停上升,及时检查自动卡环的可靠情况,防止自行脱扣。为控制起吊就位时不来回摆动,在柱子下部拴好溜绳,检查各部连接情况,无误后方可起吊。

(2)梁吊装

按施工方案规定的安装顺序,将有关型号、规格的梁配套码放,弹好两端的轴线(或中线),调直理顺两端伸出的钢筋。在柱子吊完的开间内,先吊主梁、再吊次梁,分间扣楼板。按照图纸的规定或施工方案中所确定的吊点位置,进行挂钩和锁绳。注意:吊绳的夹角一般不得小于45°。如使用吊环起吊,必须同时拴好保险绳。当采用兜底吊运时,必须用卡环卡牢。挂好钩绳后缓缓提升,绷紧钩绳,离地500mm左右时停止上升,认真检查,吊具牢固、拴挂安全可靠后,方可吊运就位。吊装前再次检查柱头支点钢垫的标高、位置是否符合安装要求,就位时找好柱头上的定位轴线和梁上轴线之间的相互关系,以便使梁正确就位。梁的两头应用支柱顶牢。为了控制梁的位移,应使梁两端中心线的底点与柱子顶端的定位线对准。将梁重新吊起,稍离支座,操作人员分别从两头扶稳,目测对准轴线,落钩要平稳,缓慢入座,再使梁底轴线对准柱顶轴线。梁身垂直偏差校正是从两端用线坠吊正,互报偏差数,再用撬棍将梁底垫起,用铁片支垫平稳严实,直至两端的垂直偏差均控制在允许范围内。

(3)梁、柱节点处理

箍筋采用预制焊接封闭箍,整个加密区的箍筋间距、直径、数量、135°弯钩、平直部分长度等均应满足设计要求及施工规范的规定。在叠合梁的上铁部位应设置12焊接封闭定位箍,用来控制柱子主筋上下接头的正确位置。梁和柱主筋的搭接锚固长度和焊缝,必须满足设计图纸和抗震规范的要求。顶层边角柱接头部位梁的上钢筋除与梁的下钢筋搭接焊之外,其余上钢筋要与柱顶预埋锚固筋焊牢。柱顶锚固筋应对角设置焊牢。节点区可浇筑掺UEA补偿收缩混凝土,其强度等级也应比柱混凝土强度等级提高10MPa。

(4)楼板或屋面板安装

采用硬架支模或直接就位方法,在梁侧面按设计图纸画出板及板缝位置线,标出板的型号。将梁或墙上皮清理干净，检查标高，复查轴线，将所需板吊装就位。待本楼层的梁、柱、板全部安装完成后，在空腹梁内穿插竖向钢筋，并将水平筋与柱内预埋插铁(钢板)焊牢。

3. 预制全装配式混凝土框架结构施工技术

(1)施工技术

楼面柱网格轴线要保持贯通、清晰，安装节点标高要注明，需要处理的要有明显标记，不得任意涂抹、更改和污染。安装梁、柱定位埋件要保证标高准确，不得任意撬动、碰撞和移位。节点处主筋不得歪斜、弯曲，清理铁锈及污秽过程中不得猛砸。在浇筑节点混凝土前用 12 钢筋焊成封闭定位箍，固定柱子主筋位置。节点加密区箍筋采用焊接封闭式，其间距符合设计及抗震图集的规定，绑扎牢固。在安装梁时，应随时观察柱子的垂直度变化，产生偏移应及时制止或纠正。堆放场地应平整、坚实，不得积水。底层应用 100mm×100mm 方木或双层脚手板支垫平稳。每垛码放应按施工组织设计规定的高度码放整齐。安装各种管线时，不得任意剔凿构件。施工中不得任意割断钢筋或弯成硬弯损坏成品。

(2)注意事项

1)在运输与安装前，应检查构件外观质量、混凝土强度，采用正确的装卸及运输方法。

2)构件安装前应标明型号和使用部位，复核放线尺寸后进行安装，防止放线误差造成构件偏移。应根据不同气候变化调整量具误差。操作时应认真负责，细心校正，避免上层与下层轴线不对应，出现错台，影响构件安装。施工放线时，上层的定位线应由底层引上去，用经纬仪引垂线，测定正确的楼层轴线，以保证上、下层之间轴线完全吻合。

3)浇筑前应将节点处模板缝堵严。核心区钢筋较密，浇筑时应认真振捣。混凝土要有较好的和易性、适宜的坍落度。模板要留清扫口，认真清理，避免夹渣。

4)节点部位下层柱子主筋位移，给搭接焊造成困难。产生原因是构件生产时未采取措施控制主筋位置，构件运输和吊装过程中造成主筋变形。所以生产时应采取措施，保证梁柱主筋位置正确，吊装时避免碰撞，安装前理顺。

5)柱身歪斜的原因是施焊方法不良。改进办法：梁、柱接头有两个或两个以上的施焊点，采用输流施焊方法。施焊过程中不允许猛撬钢筋，主筋焊接过程中用经纬仪观察柱垂直偏差情况，发现问题及时纠正。

2.2 实践操作：某预制装配式框架结构施工流程

位于浑南新区世纪路 29 号的全运会安保指挥中心主楼为 15 层建筑，总建筑面积为 3.1 万 m²，4 月 25 日开工建设，8 月实现主体封顶，2013 年 4 月 30 日竣工。该工程是全省首次应用装配式施工的大型现代建筑的公建项目。为打造安全、环保、优质工程，浑南新区积极引进现代建筑新模式，让盖楼房像搭积木一样简单。除地上三层和地下一层建筑采用传统工艺建设外，从第四层开始，采用现代装配式结构技术进行建设。装配式施工就是工程的主要配件梁、柱和楼板全部由工厂车间预先制作好，然后运到施工现场进行组装，完成楼体建设。在梁与柱之间用较少的混凝土进行连接。

以已经建完的3层安保指挥中心为例，在柱、梁的建设上，传统的施工程序为绑扎钢筋、搭架、制作模板、浇筑混凝土，经过最短7~10天养生等待，再拆除模板等。对于1 000m² 的一层楼，80人需要大概半个月才能完成。而同样的工作，装配式施工就大大地节省了时间。现在，主楼内只有7名工人调桩，楼前广场只有3~5名工人往吊车上挂"积木"。

柱吊装与安装如图2.32所示。

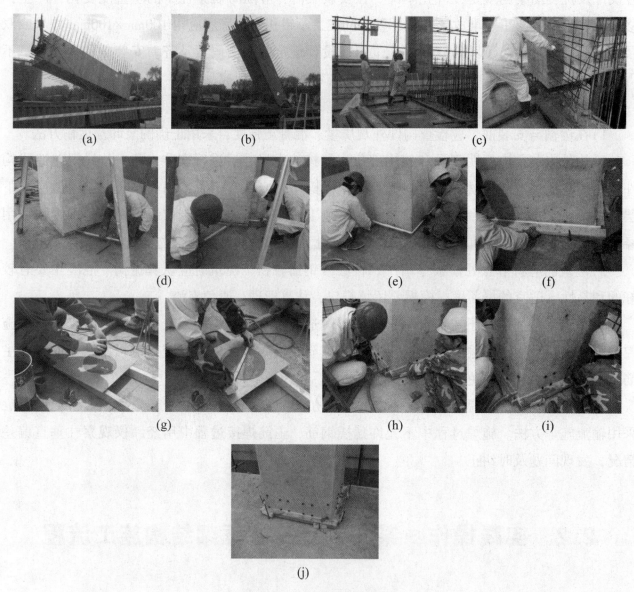

图 2.32　柱吊装与安装

(a)柱子下面垫一个轮胎；(b)柱子扶正；(c)柱子就位；(d)对中调整；(e)封堵柱浆缝；
(f)模板封闭；(g)注浆流动度试验；(h)注浆开始；(i)漏浆后迅速封堵；(j)注浆完成

莲藕梁吊装与安装如图 2.33 所示。

图 2.33 莲藕梁吊装与安装

(a)莲藕梁叠放运输；(b)莲藕梁钢筋标记；(c)莲藕梁吊具就位；

(d)莲藕梁吊装之前调平；(e)莲藕梁吊装；(f)莲藕梁四角钢筋首先入孔；

(g)莲藕梁其他钢筋入孔；(h)莲藕梁安装就位；(i)莲藕梁斜支撑安装；

(j)莲藕梁调整水平；(k)莲藕梁校正位置；(l)莲藕梁缝隙封堵；(m)莲藕梁缝隙封堵完成

主次梁吊装与安装如图 2.34 所示。

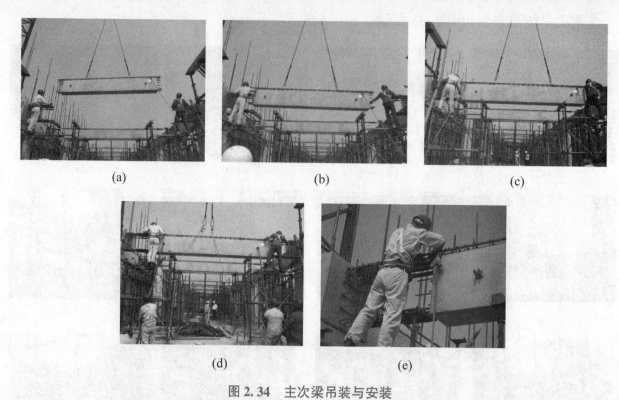

(a)　　　　　　　　　　(b)　　　　　　　　　　(c)

(d)　　　　　　　　　　(e)

图 2.34　主次梁吊装与安装

（a）主次梁吊装；（b）主次梁准备就位；（c）主次梁安装就位；

（d）主次梁就位调整；（e）主次梁钢筋套管连接

预制楼板吊装与安装如图 2.35 所示。

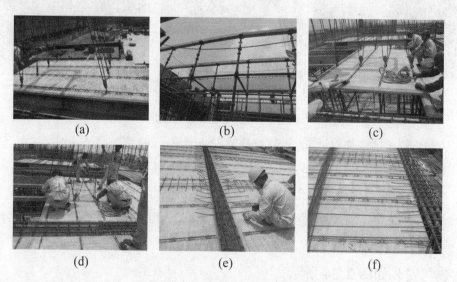

(a)　　　　　　　　　　(b)　　　　　　　　　　(c)

(d)　　　　　　　　　　(e)　　　　　　　　　　(f)

图 2.35　预制楼板吊装与安装

（a）钩住桁架钢筋起吊；（b）支撑架立；（c）就位准备；（d）就位完成；

（e）连接钢筋绑扎；（f）支座钢筋绑扎

柱端施工处理如图 2.36 所示。

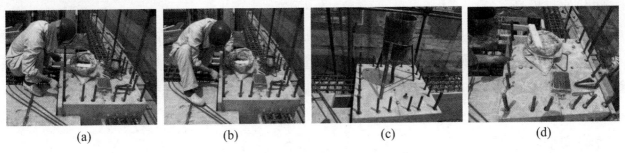

(a)   (b)   (c)   (d)

图 2.36 柱端施工处理

(a)柱端钢筋定位校正；(b)柱端钢筋位置固定；(c)柱端部注浆；(d)柱端补充注浆

本工程主体结构施工进度计划(6 天一层，1 100m²)如表 2.1 所示。

表 2.1 施工进度计划

第一天	第二天	第三天	第四天	第五天	第六天
测量放线，外脚手架搭设	莲藕梁吊装，连接部分套筒安装	主次梁吊装，连接部分套筒安装	楼板吊装，莲藕梁注浆	楼板钢筋绑扎	浇筑混凝土
柱吊装，柱调整就位	接头箍筋绑扎	接头箍筋绑扎	接缝钢筋绑扎	预埋件定位	
柱脚注浆，梁支撑搭设	套筒注浆，柱头封堵	套筒注浆		混凝土泵吊装	
	主次梁支撑搭设	楼板支撑搭设			

实施分析

1. 特点介绍

(1)标准化施工

以标准层每层、每跨(户)为单元，根据结构特点及便于构件制作和安装的原则，将结构拆分成不同种类的构件(如墙、梁、板、楼梯等)，并绘制结构拆分图。相同类型的构件尽量将截面尺寸和配筋等统一成一个或少数几个种类，同时对钢筋都进行逐根定位，并绘制构件图，这样便于标准化生产、安装和质量控制。

(2)现场施工简便

构件标准化和统一化决定了现场施工的规范化和程序化，使施工变得更方便操作，使工人能更好更快地理解施工要领和安装方法。

（3）质量可靠

构件图绘制详细、构件工厂加工使构件质量充分得到保障。构件类型相对较少、形式统一使现场施工标准化、规范化，更便于现场质量控制。外墙采用混凝土外墙，外墙的窗框、涂料或瓷砖均在构件厂与外墙同步完成，这在很大程度上解决了窗框漏水和墙面渗水的质量通病。

（4）安全

外墙采用预制混凝土外墙，取消了砌体抹灰工作，同时涂料、瓷砖、窗框等外立面工作已经在加工厂完成，大大减少了危险多发区建筑外立面的工作量和材料堆放量，使施工安全更有保证。

（5）制作精度高

预制构件的加工要求构件截面尺寸误差控制在±3mm以内，钢筋位置偏差在±2mm以内，构件安装误差水平位置控制在±3mm以内，标高误差控制在±2mm以内。

（6）环保节能效果突出

大部分材料在构件厂加工，标准化、统一化加工减少了材料浪费；现场基本取消湿作业，初装修均采用装配施工，大大减少了建筑垃圾的产生；模板除在梁柱交接的核心区使用外，基本不再使用，大大降低了木材的利用率；钢筋和混凝土现场用量大大减少，降低了水、电现场使用量，同时也减少了施工噪声。

（7）计划和程序管理严密

各种施工措施埋件要反映在构件图中，要求方案的可执行性强，并且施工时严格按照方案和施工程序施工。构件的加工计划、运输计划和每辆车构件的装车顺序与现场施工计划和吊装计划紧密结合，确保每个构件严格按实际吊装时间进场，保证了安装的连续性，以确保整体工期的实现。

2. 本工法适用范围

本工法适用整体装配式框架结构的标准层施工，特别适用于柱距单一、各梁板配筋和截面类型相对较少的框架结构标准层施工或单层面积较少的住宅工程标准层施工。

3. 工艺原理

梁、板等水平构件采用叠合形式，即构件底部（包含底筋、箍筋、底部混凝土）采用工厂预制，面层和深入支座处（包含面筋）采用现浇。外墙、楼梯等构件除深入支座处现浇外，其他部分全部预制。每施工段构件现场全部安装完成后统一进行浇筑，这样有效解决了拼装工程整体性差、抗震等级低的问题，同时也减少了现场钢筋、模板、混凝土的材料用量，简化了现场施工。

构件加工计划、运输计划和每辆车构件装车顺序与现场施工计划和吊装计划紧密结合，确保每个构件严格按实际吊装时间进场，保证了安装的连续性。构件拆分和生产的统一性保证了安装的标准性和规范性，大大提高了工人的工作效率和机械利用率。这些都大大缩短了施工周期和减少了劳动力数量，满足社会和行业对工期的要求，并解决了劳动力短缺的问题。

外墙采用混凝土外墙，外墙的窗框、涂料或瓷砖均在构件厂与外墙同步完成。这在很大程度上解决了窗框漏水和墙面深水的质量通病，并大大减少了外墙装修的工作量，缩短了工期（只需进行局部修补工作）。

4. 施工工艺流程及操作要点

（1）工艺流程

整体装配式框架结构施工工艺流程如图 2.37 和图 2.38 所示。

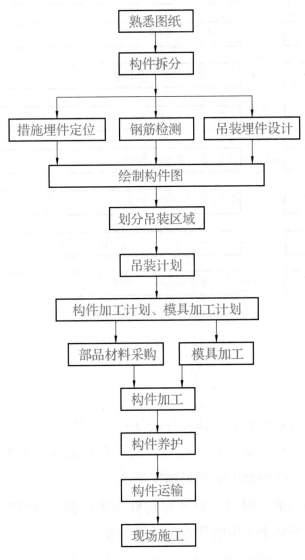

图 2.37　整体装配式框架结构施工工艺流程

图 2.38 整体装配式框架结构标准层施工工艺流程

（2）操作要点

1）技术准备要点：

①必须在构件图绘制前对所有结构预埋件进行定位，便于反映在构件图中。

②构件模具生产顺序、构件加工顺序及构件装车顺序必须与现场吊装计划相对应，避免因为构件未加工或装车顺序错误而影响现场施工进度。

③构件图出图后，必须第一时间认真核对构件图中的预留预埋部品，确保无遗漏、无错误，避免构件生产后无法满足施工措施和建筑功能的要求。

2）平面布置要点：

①现场硬化采用 20mm 厚钢板，铺设范围包括常规材料堆场（钢管、支撑、吊具、钢模等）外架底部和构件车辆行走路，使用钢板便于周转，有利于环保节能。

②现场车辆行走通道必须能满足车辆可同时进出，避免因道路问题影响吊装衔接。

③塔式起重机数量需根据构件数量进行确定(结构构件数量一定，塔式起重机数量与工期成反比)；塔式起重机型号和位置根据构件质量和范围进行确定，原则上距离最重构件和吊装难度最大的构件最近。

3)吊装前准备要点：

①构件吊装前必须整理吊具，并根据构件不同形式和大小安装好吊具。这样既可以节省吊装时间，又可以保证吊装质量和安全。

②构件必须根据吊装顺序进行装车，避免现场转运和查找。

③构件进场后根据构件标号和吊装计划的吊装序号在构件上标出序号，并在图纸上标出序号位置。这样可以直观表示出构件位置，便于吊装工和指挥操作，减少误吊。

④所有构件吊装前必须在相关构件上将各个截面的控制线放好。这样可节省吊装、调整时间，并有利于质量控制。

⑤墙体吊装前必须将调节工具埋件安装在墙体上。这样可减少吊装时间，并有利于质量控制。

⑥所有构件吊装前下部支撑体系必须完成，且支撑点标高应精确调整。

⑦梁构件吊装前必须测量并修正柱顶标高，确保与梁底标高一致，便于梁就位。

4)吊装过程要点：

①构件起吊离开地面时，如顶部(表面)未达到水平，必须调整水平后再吊至构件就位处，从而便于钢筋对位和构件落位。

②柱拆模后立即进行钢筋位置复核和调整，确保不会与梁钢筋冲突，避免梁无法就位。

③对于突窗、阳台、楼梯、部分梁等同一构件上吊点高低不同的构件，低处吊点采用葫芦进行拉接。起吊后调平，落位时采用葫芦调整标高。

④梁吊装前在柱核心区内先安装一道柱箍筋，梁就位后再安装两道柱箍筋，然后才可进行梁、墙吊装。否则，柱核心区质量无法保证。

⑤梁吊装前，应将所有梁底标高进行统计，有交叉部分梁的吊装方案根据先低后高的原则进行施工。

⑥墙体吊装后才可以进行梁面筋绑扎，否则将阻碍墙锚固钢筋伸入梁内。

⑦墙体如果是水平装车，起吊时应先在墙面安装吊具，将墙水平吊至地面后再将吊具移至墙顶。在墙底铺垫轮胎或橡胶垫，进行墙体翻身使其垂直，可避免墙底部边角损坏。

5)梁构件吊装要点：

①测量、放线：复核柱钢筋位置，避免与梁钢筋冲突，测量柱定标高与梁底标高误差，在柱上弹出梁边控制线。

②构件进场检查：复核构件尺寸和构件质量。

③构件编号：在构件上标明每个构件所属的吊装区域和吊装顺序编号，便于吊装工人辨认。

④吊具安装：根据构件形式选择钢梁、吊具和螺栓，并安装到位。

⑤起吊、调平：梁吊至离车（地面）20~30cm，复核梁面水平，并调整调节葫芦，便于梁就位。

⑥吊运：安全、快速地吊至就位地点上方。

⑦梁柱钢筋对位：梁吊至柱上方30~50cm后，调整梁位置，使梁筋与柱筋错开，便于就位，梁边线基本与控制线吻合。

⑧就位：对位后缓慢下落，根据柱上已放出的梁边和梁端控制线，准确就位。

⑨调整：根据控制线对梁端和两侧进行精密调整，误差控制在2mm以内。

⑩调节支撑：梁就位后调节支撑立杆，确保所有立杆全部受力。

6）板构件吊装要点：

①测量、放线：每条梁吊装后测量并弹出相应板构件端部和侧边的控制线，检查支撑搭设情况是否满足要求。

②构件进场检查：复核构件尺寸和构件质量。

③构件编号：在构件上标明每个构件所属的吊装区域和吊装顺序编号，便于吊装工人辨认。

④吊具安装：根据构件形式选择钢梁、吊具和螺栓，并安装到位。

⑤起吊、调平：板吊至离车（地面）20~30cm，复核板面水平，并调整调节葫芦，便于板就位。

⑥吊运：安全、快速地吊至就位地点上方。

⑦梁板钢筋对位：板吊至柱上方30~50cm，调整板位置，使板锚固筋与梁箍筋错开，便于就位，板边线基本与控制线吻合。

⑧就位：对位后缓慢下落，根据梁上已放出的板边和板端控制线，准确就位。

⑨调整：根据控制线对板端和两侧进行精密调整，误差控制在2mm以内。

⑩调节支撑：板就位后调节支撑立杆，确保所有立杆全部受力。

7）楼梯构件吊装要点：

①测量、放线：楼梯间周边梁板吊装后，测量并弹出相应楼梯构件端部和侧边的控制线。

②构件检查：复核构件尺寸和构件质量。

③构件编号：在构件上标明每个构件所属的吊装区域和吊装顺序编号，便于吊装工人辨认。

④吊具安装：根据构件形式选择钢梁、吊具和螺栓，并在低跨采用葫芦连接塔式起重机吊钩和楼梯。

⑤起吊、调平：楼梯吊至离车（地面）20～30cm，采用水平尺测量水平，并采用葫芦将其调整水平。

⑥吊运：安全、快速地吊至就位地点上方。

⑦钢筋对位：楼梯吊至梁上方30～50cm，调整楼梯位置，使上下平台锚固筋与梁箍筋错开，板边线基本与控制线吻合。

⑧就位、调整：根据已放出的楼梯控制线，先保证楼梯两侧准确就位，再使用水平尺和葫芦调节楼梯水平。

⑨调节支撑：板就位后调节支撑立杆，确保所有立杆全部受力。

8）墙体构件吊装要点：

①测量、放线：在墙、梁和柱上测量并弹出相应墙构件内、外面和左、右侧及标高的控制线。

②构件进场检查：复核构件尺寸和构件质量。

③构件编号：在构件上标明每个构件所属的吊装区域和吊装顺序编号，以便吊装工人辨认。

④吊具安装：根据构件形式选择钢梁、吊具和螺栓，如有凸窗，需采用葫芦连接塔式起重机吊钩和凸出部位。

⑤安装调节埋件：在吊装其他墙体时，安装调节墙体标高和内外位置的工具埋件，以便节省每个墙体吊装时间。

⑥起吊、调平：墙梯下部吊至离车（地面）20～30cm，采用水平尺测量顶部水平，并采用葫芦将其调整水平。

⑦吊运：安全、快速地吊至就位地点上方。

⑧钢筋对位：墙体下落至锚固钢筋在梁上方30～50cm，调墙体位置，使锚固筋与梁箍筋错开，墙侧边线与控制线吻合。

⑨落位：两侧调整完成后，根据底部内侧控制线缓慢就位。

⑩标高调整：通过标高调节工具埋件，根据柱和墙上的标高控制线调整墙体标高。

⑪墙底位置调整：使用线锤、水平尺和底部内外调节工具埋件调整墙底部水平。

⑫墙立面垂直调整：使用墙体斜拉杆，根据线锤和水平尺调整墙内外垂直度。

⑬就位、微调：卸掉塔式起重机拉力，重复以上步骤⑩～⑫，至墙体精确就位，保证各面水平、垂直度和标高误差在3mm以内。

5. 材料与设备

（1）材料

材料主要包括钢模及配套U形卡、角钢、钢模吊具、L形蝴蝶螺杆、一字形蝴蝶螺杆、斜撑杆、支架架体材料、端头锚、内置螺栓、连墙件、预埋件、安全绳。

（2）机具设备

机具设备如表 2.2 所示。

表 2.2　机具设备每个安装小组

序号	名称	型号规格	单位	数量
1	塔式起重机	选型	台	1
2	钢梁	20 号工字钢	根	1
3	葫芦	3t	个	4
4	钢丝绳	—	m	若干
5	自动扳手	—	把	4
6	对讲机	—	台	3
7	电焊机	—	台	2

（3）劳动力

劳动力配套如表 2.3 和表 2.4 所示。

表 2.3　预制加工厂配套人员(每套模具)

序号	工种	人数
1	焊工	1
2	钢筋工	4
3	木工	2
4	电工	1
5	混凝土工	3

表 2.4　现场吊装配备人员(每个组)

序号	工种	人数
1	协调员	1
2	起重工	8
3	木工	2
4	驾驶员	1
5	塔式起重机指挥	2
6	焊工	2
7	测量员	2

🔧 6. 质量控制

（1）预制构件质量控制

1）预制构件加工精度。装配整体式混凝土结构中的梁、板和楼梯等构件采用工厂预制，预制构件精度要求高，在施工过程中如果精度无法满足要求，将严重影响后续的吊装工作。表 2.5 所示为各类构件精度要求。

表 2.5 预制构件加工精度

项目	检测项目		要求	检测方法
主控项目	混凝土强度及外观质量		符合《混凝土结构工程施工质量验收规范》（GB 50204—2015）要求	检查构件，查看报告
	吊装标志		清晰无误	按图检查
一般项目	截面尺寸	长	±6mm	卷尺
		宽	±4mm	
		高（厚）	±3mm	
	梁侧、底平整度		2mm	4m 靠尺
	板底平整度		3mm	
	墙表面平整度		3mm	
	对角线		2mm	对角尺或高精度测距器
	底部钢筋间距/长度		5mm/−3mm	
	箍筋间距		±5mm	
	焊接端钢筋翘曲		≤2mm	
	预埋件定位		±2mm	
	埋件标高		±3mm	
	预留孔洞中心线		±5mm	
	预留孔洞标高		±5mm	

2）构件加工质量控制流程。预制构件加工质量是工业化生成过程中的重要环节，直接关系到下一道吊装工程的施工质量和施工进度。装配整体式结构工程对预制构件的加工精度要求较高，在流程控制上对每道工序必须做到有可追溯性。

构件质量控制流程图如图 2.39 所示。

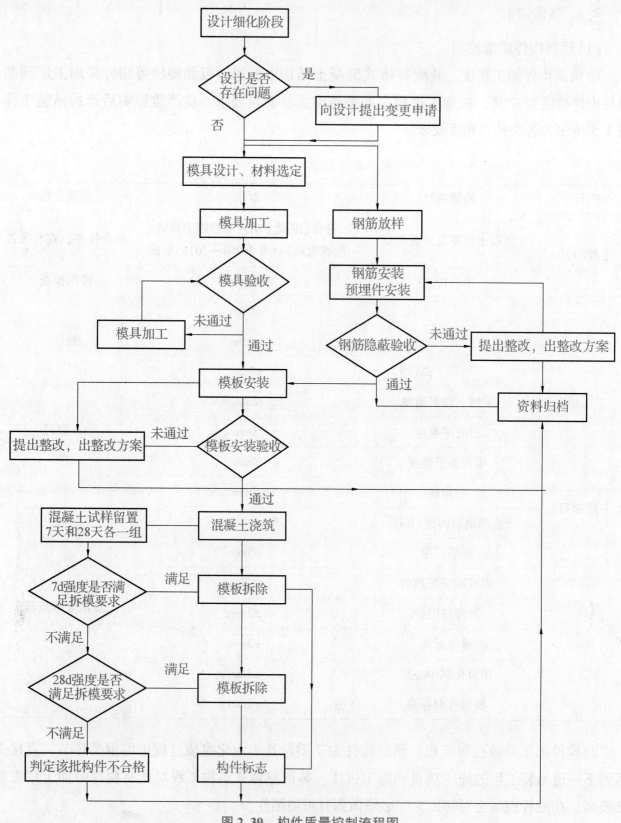

图 2.39 构件质量控制流程图

（2）现浇部分质量控制

1）控制重点。包括柱网轴线偏差控制、楼层标高控制、柱核心区钢筋定位控制、柱垂直度控制、柱首次浇筑后顶部与预制梁接槎处平整度和标高控制、叠合层内后置埋件精度控制、连续梁在中间支座处底部钢筋焊接质量控制、叠合板在柱边处表面平整度控制、屋面框架梁柱处面筋节点施工质量控制。

2）柱轴线允许偏差。柱轴线允许偏差必须满足《工程测量规范》（GB 50026—2020）要求，测量控制按由高至低的级别进行布控，允许偏差不得大于 3mm。

3）标高控制。标高控制是在建筑物周边设置控制点，以便相互检测。每层标高允许误差不大于 3mm，全层标高允许误差不大于 15mm。

4）钢筋定位。装配整体式结构工程在设计过程中就将钢筋布置图绘出，柱每侧竖向钢筋间距必须按照钢筋布置图进行绑扎，以便预制梁吊装，梁钢筋允许偏差不得大于 5mm。

5）现浇柱垂直度。混凝土柱独立浇筑时周边无梁板支撑架体，在加固上存在一定难度，因此在本层叠合梁板混凝土浇筑时须埋设柱模加固埋件。每根柱采用三面斜拉，在浇筑完成后再进行一次垂直度监测，最终监测结果不得大于 3mm。

6）现浇柱顶面平整度。柱混凝土浇筑顶面与梁接槎处表面平整度不得大于 2mm，梁吊装时间尽量在柱浇筑完成 12h 后进行，以避免吊装时对柱混凝土造成损坏。

7）预埋件。叠合层内后置埋件分为 3 种，如表 2.6 所示。

表 2.6　叠合层内后置埋件　　　　　　　　　　　　　　　　单位：mm

序号	埋件种类	特性	允许偏差		
			平整度	标高	中心线
1	配合构件吊装用埋件	吊装时为调整构件位置和固定构件而设的预理部件	2	±3	2
2	支撑用临时性埋件	为方便模板安装、外架连接和其他临时设施而设的预理部件	5	±5	20
3	结构永久性埋件	为连接构件，加强结构的整体刚度而设的预埋部件	3	±3	3

8）钢筋连接。预制梁底部钢筋在中间支座采用帮条熔槽焊，由于接头位置在支座中，焊接操作较困难。验收执行《钢筋焊接及验收规程》（JGJ 18—2012）要求，进行严格把关。

9）屋面框架梁钢筋锚固。屋面框架梁节点处钢筋要求下锚入柱内 $1.7L_{aE}$，在施工中柱混凝土浇筑后才开始进行梁的吊装。因此，施工时将梁弯锚部分在适当部位截成两段，在柱混凝土浇筑时将套好丝的钢筋先埋入柱内，待梁吊装完成后，采用直螺纹套筒进行连接。采用这种方法施工首先必须保证预埋钢筋的定位偏差不大于 5mm，标高控制不大于 ±5mm。具体施工示意图如图 2.40 所示。

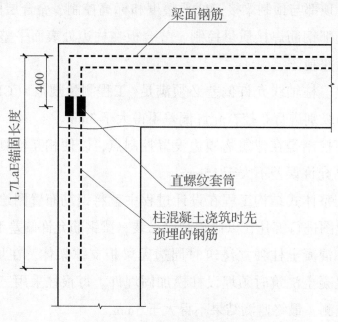

图 2.40 屋面框架梁钢筋锚固

（3）吊装质量控制

吊装质量控制是装配整体式结构工程的重点环节，也是核心内容，主要控制重点是施工测量精度。为保证构件整体拼装的严密性，避免因累计误差超过允许偏差值而使后续构件无法正常吊装就位等问题出现，吊装前须对所有吊装控制线进行认真复检。

1）吊装质量控制流程图如图 2.41 所示。

2）梁吊装控制：

①梁吊装顺序应遵循先主梁后次梁、先低后高（梁底标高）的原则。

②吊装前，根据吊装顺序检查构件装车顺序是否对应，梁吊装标志是否正确。

③梁底支撑标高必须高出梁底结构标高 2mm，使支撑充分受力，避免预制梁底开裂。由于装配整体式结构工程构件不是整体预制，在吊装就位后不能承受自身荷载，梁底支撑不得大于 2m，每根支撑间高差不得大于 1.5mm、标高差不得大于 3mm。

3）板吊装控制：

①板吊装顺序尽量依次铺开，不宜间隔吊装。

②板底支撑与梁支撑基本相同，板底支撑不得大于 2m，每根支撑间高差不得大于 2mm、标高差不得大于 3mm，悬挑板外端比内端支撑尽量调高 2mm。

③每块板吊装就位后偏差不得大于 2mm，累计误差不得大于 5mm。

4）墙吊装控制：

①吊装前对外墙分割线进行统筹分割，尽量将现浇结构的施工误差进行平差，防止预制构件因误差累积而无法进行。

②吊装顺序与板的吊装基本一致，吊装应依次铺开，不宜间隔吊装。

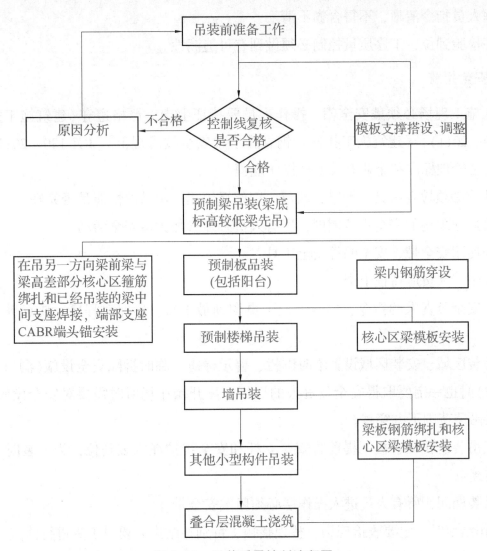

图 2.41 吊装质量控制流程图

③预制墙体调整顺序：预制墙底部有两组调节件和预制墙中部一组斜拉杆件，每组分为 B 类(标高调整)和 C 类(面外调整)；叠加层梁上的埋件对应使用，底部调整完后进行上部调整，最后进行统一调整。

④墙吊装时，应事先将对应结构标高线标于构件内侧，以便于吊装标高控制，误差不得大于 2mm；预制墙吊装就位后标高允许偏差不大于 4mm，全层不得大于 8mm，定位不大于 3mm。

5)其他小型构件的吊装标高控制不得大于 5mm，定位控制不大于 8mm。

6)吊装注意事项：

①吊装前准备工作充分到位。

②吊装顺序合理，班前质量技术交底清晰明了。

③构件吊装标志简单易懂。

④吊装人员作业时必须分工明确，协调合作意识强。

⑤指挥人员指令清晰，不得含糊不清。

⑥工序检验到位，工序质量控制必须做到有可追溯性。

7. 安全措施

1) 进入施工现场必须戴安全帽，操作人员要持证上岗，严格遵守《建筑施工安全检查标准》(JGJ 59—2011)、《建筑施工扣件式钢管脚手架安全技术规范》(JGJ 130—2011)及所在省建筑施工安全管理标准和企业有关安全操作规程。

2) 吊装前必须检查吊具、钢梁、葫芦、钢丝绳等起重用品的性能是否完好。

3) 严格遵守现场的安全规章制度，所有人员必须参加大型安全活动。

4) 正确使用安全带、安全帽等安全工具。

5) 特种施工人员应持证上岗。

6) 对于安全负责人的指令，要自上而下贯彻到最末端，确保对程序、要点进行完整的传达和指示。

7) 在吊装区域、安装区域设置临时围栏、警示标志，临时拆除安全设施(洞口保护网、洞口水平防护)时也一定要取得安全负责人的许可，离开操作场所时需要对安全设施进行复位。禁止工人在吊装范围下方穿越。

8) 梁板吊装前在梁、板上提前将安全立杆和安全维护绳安装到位，为吊装时工人佩戴安全带提供连接点。

9) 在吊装期间，所有人员进入操作层必须佩戴安全带。

10) 操作结束时一定要收拾现场、整理整顿，特别在结束后要对工具进行清点。

11) 需要进行动火作业时，首先要拿到动火许可证。作业时要充分注意防火，准备灭火器等灭火设备。

12) 高空作业人员必须保持身体状况良好。

13) 构件起重作业时，必须由起重工进行操作，吊装工进行安装。禁止无证人员进行起重、安装操作。

8. 环保措施

1) 施工现场实行硬化：对工地内外通道、临时设施、材料堆放地、加工场、仓库地面等进行混凝土硬化，并保持清洁卫生，避免扬尘污染周围环境。

2) 施工现场必须保证道路畅通、场地平整，无大面积积水，场内设置连续、畅顺的排水系统。

3) 施工现场各类材料分别集中堆放整齐，并悬挂标志牌，严禁乱堆乱放，不得占用施工便道，并做好防护隔离。

4) 合理安排施工顺序，均衡施工，避免同时操作，集中产生噪声，增加噪声排放量。

5)对起重设备进行清洗时，注意设置容器接油，防止油污染地面。废弃棉纱应按有毒有害废弃物进行收集和管理。

6)全体人员应提高防噪扰民意识。禁止构件运输车辆高速运行，并禁止鸣笛，材料运输车辆停车卸料时应熄火。

7)构件运输、装卸应防止不必要的噪声产生，施工严禁敲打构件、钢管等。

9. 效益分析

(1)经济效益

PC楼由于建造速度快，能使资金早日回笼，提高资金周转率，这对房地产企业极其重要。目前虽然在小批量建造情况下，住宅建造成本有提高，但在规模化生产后其成本的增加能够控制在15%~20%。在未来面临劳动力资源短缺、劳动力成本大幅提升的情况下，装配式建筑的优势将更加明显。

(2)工期方面

外墙板的外墙面砖、窗框等已在工厂做好，局部打胶、涂料等工序仅用吊篮就可以进行，外装修不占用总工期。就一栋20层左右的楼而言，仅此一点就可节约工期3~4个月。全面实行结构、安装、装修等设计与加工标准化后，施工速度将会更快。

(3)质量方面

由于瓷砖在工厂里就和混凝土牢固地黏结，杜绝了脱落现象，根治了外墙常有渗漏、裂缝的通病。这样更易于控制施工质量，大部分构件实现了工厂化制作，减少了因手工现场操作而产生的质量通病。

(4)安全方面

采用传统住宅施工方式，大量的工人聚集在现场，交叉作业多，容易出现高空坠落、物体打击、触电等伤害。而PC楼通过把大量的作业转移到工厂，现场工人数量大大减少(可减少80%以上)，减小了现场安全事故的发生频率。

(5)社会效益

该项技术操作简便、安全可靠，可确保工程质量，安装时间显著缩短，较之传统施工方法节约人工30%；节约常规周转材料约8%；内外装饰工期短，竣工时间可提前约20%；基本避免现场湿作业，减少建筑垃圾约70%，节约施工用水约50%，大量减少了噪声污染，在节能环保方面优势明显。

10. 施工流程展示

万科第五园工程位于深圳市龙岗区坂田片区万科第五园住宅区内，试验楼根据业主要求采用工厂化(PC)生产、现场安装的建造工艺，以提高建筑质量，缩短建造周期。建筑面积为654.30m²，建筑基底面积为280m²，建筑总高度为9.300m，建筑耐火等级为一级，抗震设防烈度为 7 度。除柱和少量现浇楼板外，墙板、楼板、楼梯等均为 PC 板。试验楼外墙和楼板为半 PC 板，采用 PC 板与现浇板叠合构造。深圳万科第五园五期工程为 3 栋 13 层公寓楼，外墙为 PC 板，结构已封顶（图 2.42 和图 2.43）。

图 2.42 万科第五园五期工程施工过程

（a）构件运输；（b）柱翻身；（c）柱吊装；（d）柱就位；（e）柱轴线位置调整固定；（f）PC 梁吊装；
（g）PC 梁就位；（h）PC 梁顶撑调整；（i）PC 板吊装；（j）PC 板安装就位；（k）PC 楼梯吊装；
（l）PC 楼梯吊装就位；（m）PC 楼梯钢筋调整入梁；（n）PC 楼梯顶撑；（o）PC 外墙吊装；（p）PC 外墙吊装就位；（q）PC 外墙水平位置调整固定；（r）PC 外墙垂直度整固定；（s）万科第五园五期试楼

图 2.43　万科第五园五期工程

项目 **3**

装配整体式剪力墙结构施工项目

3.1 知识准备：全预制装配式剪力墙结构施工工艺

3.1.1 全预制装配式剪力墙结构施工技术实例

1. 施工技术概述

全预制装配整体式剪力墙结构(NPC 体系)技术是一种新型结构体系，其竖向构件剪力墙、柱采用预制，水平构件梁、板采用叠合形式；竖向构件连接节点采用浆锚连接，水平构件与竖向构件连接节点及水平构件间连接节点采用预留钢筋叠合现浇连接，形成整体结构体系。本项目以南通市海门中南世纪城 33 号楼为例，介绍其施工技术。

2. 工程概况

江苏省南通市海门中南世纪城 33 号楼地下 1 层，地上 10 层，高 32.50m，总建筑面积为 4 556m²，剪力墙结构。基础及地下室采用现浇钢筋混凝土结构，地上部分采用全预制装配整体式剪力墙结构。

3. 工艺原理

对全预制装配整体式剪力墙结构，竖向构件剪力墙、柱、电梯井采用预制，水平构件梁、板采用叠合形式；竖向构件连接节点采用浆锚连接，水平构件与竖向构件连接节点及水平构件间连接节点采用预留钢筋叠合现浇连接，形成整体结构体系。

4. 工艺流程及操作要点

（1）工艺流程

施工准备→定位放线→预留插筋校正→竖向构件吊装→竖向构件校正及临时支撑安装→浆锚节点灌浆→水平构件吊装→水平构件节点钢筋绑扎→叠合板钢筋绑扎→竖向构件节点钢筋绑扎→节点模板安装→节点及叠合板混凝土浇筑。

（2）定位放线

主控线经校正无误后，采用经纬仪将主控线引测到每层楼面，根据竖向构件布置图用标准钢卷尺、经纬仪测量出剪力墙、柱轴线、构件边线、剪力墙暗柱位置线、洞口边线及200mm测量控制线，并在结构面上用墨线弹出。在竖向预制构件下部500mm处弹出标高线，同时将每层500mm标高控制线引测到预留插筋上，并用油漆做标记。

（3）预留插筋校正

叠合板混凝土浇筑前，采用钢筋限位框对预留插筋限位，保证钢筋位置准确。混凝土浇筑后，对预留插筋进行位置复核，中心位置偏差超过10mm的插筋应根据图纸采用1∶6冷弯矫正，不得烘烤；对个别偏差较大的插筋，应将插筋根部混凝土剔凿至有效高度后再进行冷弯矫正，以确保竖向构件浆锚连接质量。

（4）竖向构件吊装

1）竖向构件工厂吊装采用行车吊，施工现场吊装采用塔式起重机，其工作半径、起重量应满足要求。

2）平面规则的竖向构件吊装时，应采用两根等长吊索绑扎起吊。吊索吊钩直接钩在竖向构件的预埋吊环内，吊钩与吊环间不得歪扭或卡死，吊索与水平线的夹角不宜小于45°。

3）对于无横向对称面的竖向构件，应采用2~4根不等长吊索绑扎起吊，每根吊索长度可根据竖向构件重心及绑扎点位置计算确定，必须使绑扎中心（吊索交点）位于通过竖向构件重心的垂直线上。对于无纵向对称面的竖向构件，绑扎时应使2根吊索和竖向构件重心同在垂直于竖向构件底面的平面内。

4）竖向构件吊至预留插筋上部100mm时，将预留插筋与竖向构件内注浆管一一对应后，再下放就位。

5）竖向构件就位前，根据标高控制线在楼面标高误差处设置1~5mm厚垫铁。竖向构件就位时，根据轴线、构件边线、200mm测量控制线将竖向构件基本就位后，利用可调式钢管斜支撑将竖向构件与楼面临时固定，确保竖向构件稳定后摘除吊钩。

（5）竖向构件斜支撑安装及校正

1）根据竖向构件平面布置图及吊装顺序图，对竖向构件进行吊装就位，就位后立即安装斜支撑，每个竖向构件用不少于2根斜支撑进行固定。斜支撑安装在竖向构件同一侧面，与楼面水平夹角大于60°。

2)检查竖向构件内预埋的 M20×70 内螺纹套筒，并将紧固螺栓与内螺纹套筒连接；根据计算角度在楼面安装斜支撑，下部用 M16×150 膨胀螺栓连接固定。

3)斜支撑安装时，将上、下连接垫板沿开口方向分别卡在竖向构件及楼面上的连接螺栓内，然后用螺钉将斜支撑上、下连接垫板与竖向构件及楼面拧紧。

4)通过调节斜支撑活动杆件调整竖向构件的垂直度，并用 2m 长靠尺对竖向构件垂直度进行校正。

5)根据轴线、构件边线、200mm 测量控制线，用 2m 长靠尺、塞尺对墙体轴线及竖向构件间平整度进行校正，外墙企口缝接缝平整、严密。

（6）浆锚节点灌浆

1)灌浆前应全面检查灌浆孔道、泌水孔、排气孔是否通畅。

2)将竖向构件的上下连接处、水平连接处及竖向构件与楼面连接处清理干净，灌浆前 24h 应充分浇水湿润表面，灌浆前 1h 应吸干积水。

3)采用 φ30 PE 高压聚乙烯棒对竖向构件的水平及垂直拼缝进行嵌填，棒材嵌入板缝距外表面 10mm，采用抗压强度大于 10MPa 的高强水泥浆封堵。

4)严格按照产品说明书要求配置灌浆料，先在搅拌桶内加入定量的水，然后将干料倒入，用手持电动搅拌器充分搅拌均匀。搅拌时间从开始投料到搅拌结束应不小于 3min，搅拌时叶片不得提至浆料液面之上，以免带入空气。搅拌后的灌浆料应在 45min 内用完。

5)浆锚节点灌浆采用高位漏斗灌浆法，利用提高浆液的位能差满足灌浆要求。

6)灌浆应连续、缓慢、均匀地进行，单块构件灌浆孔或单独拼缝应一次连续灌满，直至排气管排出的浆液稠度与灌浆口处相同，且没有气泡排出后，将灌浆孔封闭。灌浆结束后应及时将灌浆口及构件表面的浆液清理干净，并将灌浆口表面抹压平整。

（7）水平构件吊装

1)水平构件包括叠合梁、叠合板、空调板、楼梯等。吊装时，应先吊装叠合梁，再吊装其余水平构件。

2)水平构件现场吊装采用塔式起重机，工作半径、起重量应满足吊装要求；吊装时根据水平构件平面布置图及吊装顺序图，对水平构件进行吊装，使其就位。

3)水平构件吊装前，应清理连接部位的灰渣和浮浆；根据标高控制线，复核水平构件支座标高，对偏差部位进行切割、剔凿或修补，以满足构件安装要求。

4)根据临时支撑平面图，在楼面上弹出临时支撑点位置，确保上、下层临时支撑处在同一垂直线上。

5)水平构件采用专用组合横吊梁吊装，根据水平构件的宽度、跨度确定吊点数量，并确保受力均匀。

6)吊装时先将水平构件吊离地面约 500mm，检查吊钩是否有歪扭或卡死现象及各吊点受力是否均匀，然后徐徐升钩至水平构件高于安装位置约1 000mm，用人工将水平构件稳定后使其缓慢下降就位。就位时确保水平构件支座搁置长度满足设计要求，对个别支座搁置长度偏差较大的水平构件用撬棍轻微调整。

7）水平构件临时支撑安装要求：

①水平构件就位的同时，应立即安装临时支撑，根据标高控制线调节临时支撑高度，控制水平构件标高。

②临时支撑距水平构件支座处应不大于500mm，临时支撑沿水平构件长度方向间距应小于2 000mm；对跨度大于4 000mm的叠合板，板中部应加设临时支撑起拱，起拱高度不大于板跨的3‰。

③叠合板临时支撑沿板受力方向安装在板边，使临时支撑上部垫板位于两块叠合板板缝中间位置，以确保叠合板底拼缝间的平整度。

8）水平构件安装后，采用干硬性膨胀水泥砂浆将构件拼缝填塞密实。

（8）钢筋绑扎

1）节点钢筋绑扎：

①预制构件吊装就位后，根据结构设计图纸，绑扎剪力墙垂直连接节点、梁、板连接节点钢筋。

②钢筋绑扎前，应先校正预留锚筋、箍筋位置及箍筋弯钩角度。

③剪力墙垂直连接节点暗柱、剪力墙受力钢筋采用搭接绑扎，搭接长度应满足规范要求。

④暗梁（叠合梁）纵向受力钢筋采用帮条单面焊接。焊接过程中应及时清渣，焊缝余高应平缓过渡，弧坑应填满。可采用间隔流水焊接或分层流水焊接的方法。

⑤暗梁（叠合梁）钢筋绑扎时，应在箍筋内穿入上排纵向受力钢筋。在主、次梁钢筋交叉处，主梁钢筋在下，次梁钢筋在上。

⑥楼梯节点钢筋绑扎时，将楼梯段锚筋与支座处锚筋分别搭接绑扎，搭接长度应满足规范要求，同时应确保负弯矩钢筋的有效高度。

2）叠合板钢筋绑扎：

①预制构件吊装就位后，根据结构设计图纸，先绑扎暗梁（叠合梁）钢筋，再绑扎叠合板钢筋。钢筋绑扎前，应先校正预留锚筋位置。

②叠合板受力钢筋与外墙支座处锚筋搭接绑扎，搭接长度应满足规范要求，同时应确保负弯矩钢筋的有效高度。

③叠合板钢筋绑扎完成后，对于剪力墙、柱竖向受力钢筋，应采用钢筋限位框对预留插筋进行限位，以保证竖向受力钢筋位置准确。

（9）节点模板安装

1）节点模板安装前，在模板支设处楼面及模板与结构面结合处粘贴30mm宽双面胶带。

2）模板使用 M12 对拉螺栓紧固，对拉螺栓外套 $\phi20$ 塑料管，在塑料管两端与模板接触处分别加设塑料帽，塑料帽外加设海绵止水垫。

3）对拉螺栓间距不宜大于 800mm，上端对拉螺栓距模板上口不宜大于 400mm，下端对拉螺栓距模板下口不宜大于 200mm。

（10）节点及叠合板混凝土浇筑

1）混凝土浇筑前，应将模板内及叠合面垃圾清理干净，并应剔除叠合面松动的石子、浮浆。

2）构件表面清理干净后，应在混凝土浇筑前 24h 对节点及叠合面充分浇水湿润，浇筑前 1h 吸干积水。

3）节点应采用无收缩混凝土浇筑，混凝土强度等级较原结构应提高一级。

4）节点混凝土浇筑应采用 ZN35 型插入式振捣棒振捣，叠合板混凝土浇筑应采用 ZW7 型平板振动器振捣，混凝土应振捣密实。

5）叠合板混凝土浇筑后 12h 内应进行覆盖浇水养护。当日平均气温低于 5℃时，宜采用薄膜养护，养护时间应满足规范要求。

5. 质量要求

1）浆锚节点灌浆应密实，灌浆料 28d 抗压强度应不低于 50 MPa。

2）预制构件装配尺寸允许偏差应符合表 3.1 规定。

表 3.1　预制构件装配尺寸允许偏差　　　　　　　　　　　　单位：mm

序号	项目	允许偏差	检查方法
1	轴线位移	±5	钢尺检查
2	立面垂直度	±5	用 2m 靠尺检查
3	表面平整度	±5	用 2m 靠尺和楔形塞尺检查
4	楼层标高	±10	水准仪或拉线、钢尺检查
5	构件安装	±5	钢尺检查

3）预制构件运输时，构件间应采用垫木架空，上、下垫木应在同一垂直线上，以确保构件棱角不被破坏。

4）室内楼梯踏步、墙面阳角应粘贴 10mm 宽铝角条保护。

6. 施工安全措施

1）进入施工现场必须戴好安全帽，操作人员在进行高处作业时，必须正确使用安全带。

2）吊装前必须检查组合横吊梁（铁扁担）、索具、吊钩等起重用品的性能是否可靠。

3）起重吊装的指挥人员必须持证上岗，作业时应与驾驶员密切配合，执行规定的指挥信号。驾驶员应听从指挥，当信号不清或错误时，驾驶员可拒绝执行。

4）禁止在六级及以上风的情况下进行吊装作业。

5）严禁起吊重物长时间悬挂在空中，作业中遇突发故障，应采取措施将重物降落到安全地方，并切断电源进行检修。突然停电时，应立即把所有控制器拨到零位，断开电源总开关，并采取措施使重物降到地面。

6）起重机吊钩和吊环严禁补焊，当吊钩和吊环表面有裂纹、严重磨损或危险断面有永久变形时，应更换。

7）用电设备必须配备"三级配电两级保护"，做到"一机一闸一漏一箱"。

全预制装配整体式剪力墙结构技术关键节点及楼板叠合层均采用现浇处理，既增加了结构的整体性，达到与现浇结构"同等型"；又解决了建筑部件、暖通空调、给排水系统、电气系统等建筑和设备专业的问题，做到了协调统一、优化配置，在不降低结构安全性的前提下，优化了建筑性能和功能。

3.1.2　装配整体式混凝土剪力墙结构施工技术实例

1. 工程概况

某公租房项目是合肥市打造建筑产业化千亿产业重点及样板工程，是国内同期单一建设体量最大的住宅产业化项目。项目总建筑面积约为 33.8 万 m^2，其中住宅面积约为 26.8 万 m^2，配套(含幼儿园)面积约为 5.46 万 m^2，人防地下室面积约为 1.6 万 m^2。单体住宅有 18 层及 24 层两种类型，层高均为 2.8m。本工程设计合理使用年限 50 年，结构设计基准期 50 年，抗震设防烈度为 7 度，安全等级为 2 级。A 户型耐火等级为一级，B 户型耐火等级为二级。

项目住宅楼 3 层及以上为装配整体式混凝土剪力墙结构，其他部分为现浇混凝土剪力墙结构，总体预制化率达 63%。

2. 结构要求及预制构件

（1）结构要求

装配整体式剪力墙结构是由预制混凝土剪力墙墙板构件和现浇混凝土剪力墙构成的竖向承重和水平抗侧力体系，通过整体式连接形成的一种钢筋混凝土剪力墙结构形式。要求结构整体性能基本等同现浇，具有与现浇剪力墙结构相似的空间刚度、整体性、承载能力和变形性能，重点是预制剪力墙墙板及其连接(包括混凝土和钢筋)，保障是设计标准化、施工和生产专业化、管理规范化。

（2）预制构件

项目预制构件包括预制外墙板、预制内墙板、预制 PC 叠合板、预制 PC 楼梯、预制空调位、预制 PC 阳台、预制 PC 梁。预制构件在产业化工厂标准化生产，现场装配式组装，对产品尺寸允许偏差和外观质量要求精度高。

3. 施工要点

工艺流程：浇筑混凝土→放线抄平→预制外墙板吊装→预制内墙板吊装→塞缝灌浆→绑扎墙身钢筋及封板→提升安装外防护架→搭楼板支架及吊装楼面板→安装机电管线→绑扎楼面钢筋→浇筑混凝土。

（1）放线抄平

1）建筑物宜采用"内控法"放线，在建筑物基础层根据设置的轴线控制桩，用水准仪和经纬仪进行以上各层建筑物的控制轴线投测。根据控制轴线依次放出建筑物的纵横轴线，依据各层控制轴线放出本层构件的细部位置线和构件控制线，在构件细部位置线内标出编号。轴线放线偏差不得超过 2mm，放线遇有连续偏差时，应考虑从建筑物中间一条轴线向两侧调整。每栋建筑物设 1~2 个标准水准点，在首层墙、柱上确定控制水平线。以后每完成一层楼面用钢卷尺把首层的控制线传递到上一层楼面的预留钢筋上，用红油漆标示。预制件在吊装前应在表面标注墙身线及 500 控制线，用水准仪控制每件预制件水平。在楼面混凝土浇筑时，应将墙身预制件位置现浇面水平误差控制在 ±3mm 内。

2）根据楼内主控线，放出墙体安装控制线、边线、预制墙体两端安装控制线，如图 3.1 所示。

3）钢筋校正。根据预制墙板定位线，使用钢筋定位框检查预留钢筋位置是否准确，偏位及时调整，如图 3.2 所示。

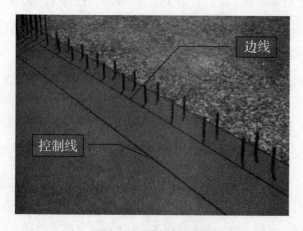

图 3.1 放样控制线

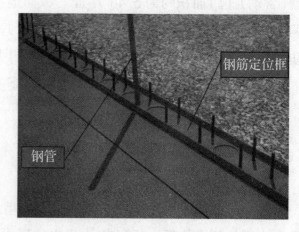

图 3.2 钢筋校正

4）垫片找平。预制墙板下口与楼板间设计有 20mm 缝隙（灌浆用），吊装预制件前，在所有构件框架线内取构件总长度 1/4 的两点铁垫片作为找平位置，垫起总厚度为 2cm；垫片厚度应有 10mm、5mm、2mm 共 3 种类型，应用不同垫片厚度调节预制件找平，如图 3.3 所示。

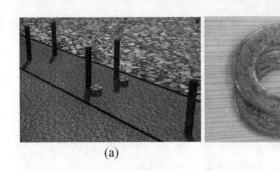

(a)   (b)

图 3.3 垫片找平

(a)钢垫片放置示意；(b)钢垫片

(2)预制外墙板吊装

1)做好安装前准备工作，对基层插筋部位按图纸依次校正，同时将基层垃圾清理干净，松开吊架上用于稳固构件的侧向支撑木楔，做好起吊准备。

2)预支外墙板吊装时将吊扣与吊钉进行连接，再将吊链与吊梁连接，要求吊链与吊梁接近垂直。另外，PCF 板通过角码连接，角码固定于预埋在相邻剪力墙及 PCF 板内的螺钉。开始起吊时应缓慢进行，待构件完全脱离支架后可匀速提升，如图 3.4 所示。

图 3.4 预制外墙板吊装

3)预制剪力墙就位时，需要人工扶正预埋竖向外露钢筋，使其与预制剪力墙预留空孔洞一一对应插入。另外，预制墙体安装时应以先外后内的顺序连续安装相邻剪力墙体，待外剪力墙体吊装完成及调节对位后开始吊装 PCF 板，如图 3.5 所示。

 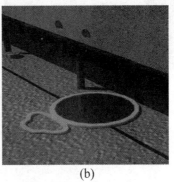

(a)   (b)

图 3.5 预制剪力墙就位

(a)预制剪力墙吊装；(b)预制剪力墙插筋

4）为防止发生预制剪力墙倾斜等，预制剪力墙就位后，应及时用螺栓和膨胀螺钉将可调节斜支撑固定在构件及现浇完成的楼板面上。通过调整斜支撑和底部的固定角码对预制剪力墙各墙面进行垂直平整检测并校正，直到预制剪力墙达到设计要求范围，然后固定，如图3.6所示。

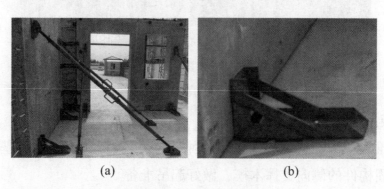

(a)   (b)

图3.6 预制剪力墙固定

（a）斜支撑固定；（b）角码固定

5）待预制件的斜支撑及固定角码全部安装完成后方可摘钩，进行下一件预制件的吊装。同时，对已完成吊装的预制墙板进行校正。

墙板垂直方向校正措施：构件垂直度调节采用可调节斜拉杆，每一块预制部品在一侧设置两道可调节斜拉杆，用4.8级$\phi16\times40$螺栓将斜支撑固定在构件预制构件上，底部用预埋螺钉将斜支撑固定在楼板上，通过转动斜支撑上的调节螺钉产生的推拉校正垂直方向，校正后应将调节把手用钢丝锁死，以防人为松动，保证安全，如图3.7所示。

(a)   (b)

图3.7 墙板校正

（a）转动斜支撑杆件，调节墙体垂直度；（b）斜支撑加固

（3）塞缝灌浆

1）灌浆材料机械用具准备：

①与灌浆套筒匹配的灌胶料、普通灌浆料、坐浆料、塞缝料。

②压力灌浆泵（图3.8）、应急用手动灌浆枪、电动搅拌器、电子秤、水桶、搅拌桶。

③垫片、橡胶条、胶塞等，如图3.9所示。

图3.8 压力灌浆泵

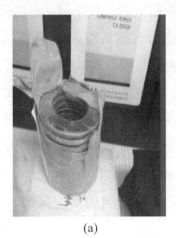
(a)

(b)

图3.9 垫片和橡胶条

（a）垫片；（b）橡胶条

④灌浆料试块模具、流动性检测模具（60mm 高截锥圆模、500mm×500mm 玻璃板），如图3.10所示。

2）内、外墙灌浆：

①外墙板外侧及墙宽度范围属隐蔽位置，预制件吊装后，该位置无法进行后续封堵。因此，外墙板外侧应于吊装前在相应位置粘贴 30mm×30mm 橡胶条。粘贴位置应位于 30mm 保温材料处，以不占用结构混凝土位置为宜。墙宽度范围内暗柱钢筋外 100mm 处的非结构区域应粘贴橡胶条，如图3.11所示。

图3.10 流动度检测

(a)

(b)

(c)

图3.11 橡胶条粘贴

（a）外墙板隐蔽位置粘贴3cm橡胶条；（b）墙宽范围内隐蔽位置粘贴橡胶条分仓；（c）完成外墙板底部吊装前准备工作

外墙板校正完成后，使用塞缝料将外墙板外露面(非隐蔽可后续操作面)与楼面间的缝隙填嵌密实，与吊装前粘贴的橡胶条牢固连接形成密闭空间。

②内墙板校正完成后，也使用塞缝料将内墙板外露面与楼面间的缝隙填嵌密实，与吊装前铺设的坐浆料牢固连接形成密闭空间。

③除插灌浆嘴的灌浆孔外，其他灌浆孔使用橡皮塞封堵密实。

④灌浆应使用灌浆专用设备，并严格按厂家当期提供配比调配灌浆料，将配比好的水泥浆料搅拌均匀后倒入灌浆专用设备中，保证灌浆料的流动度。灌浆料拌合物应在制备后 0.5h 内用完，如图 3.12 所示。

⑤使用截锥圆模检查拌和后的浆液流动度，保证流动度不小于 300mm。

⑥将拌和好的浆液导入注浆泵，启动灌浆泵，待灌浆泵嘴流出的浆液成线状时，将灌浆嘴插入预制剪力墙预留的小孔洞里(下方小孔洞)，按从中间向两边扩散的原则开始注浆。根据图纸要求，灌浆分区长度小于或等于 1.5m。灌浆施工时的环境温度应在 5℃ 以上，必要时，应对连接处采取保温加热措施，保证浆料在 48h 凝结硬化过程中连接部位温度不低于 10℃。灌浆后 24h 内不得使构件和灌浆层受到振动、碰撞。灌浆操作全过程应由监理人员旁站。

图 3.12 配置灌浆料

⑦间隔一段时间后，上排出浆孔会逐个漏出浆液，待浆液成线状流出时，立即塞入专用胶塞堵住孔口，持压 30s 后抽出下方小孔洞里的注浆管，同时快速用专用胶塞堵住下孔。其他预留空孔洞依次同样注满，不得漏注，每个空孔洞必须一次注完，不得进行间隙多次注浆。

当个别上排浆孔未出浆时，应使用钢丝穿过该出浆孔，直至浆液成线状流出。若仍无浆液流出，则使用该出浆孔对应的下排注浆口进行注浆，直至该空位浆液流出，如图 3.13 所示。

(a) (b) (c)

图 3.13 灌浆施工

(a)注入灌浆料；(b)封堵下排灌浆孔；(c)注浆及上排灌浆

⑧与灌浆套筒匹配的灌浆料按照每个施工段的所取试块组进行抗压检测。A 户型(24 层)

每层为一个施工段，取样送检一次；B户型（18层）每层有两个施工段（双拼型），每个施工段取样送检一次。每个施工段留置2组试块送检（一组标养、一组同条件养护）。每组3个试块，试块规格为70.7mm×70.7mm×70.7mm，如图3.14所示。

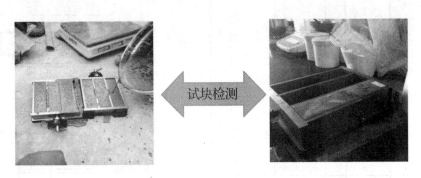

图 3.14　制作试块

3)绑扎墙身钢筋及封板：

①外墙校正固定后，外墙板内侧用与预制外墙相同的保温板塞住预制外墙板与PCF间的缝隙，然后进行后浇带钢筋绑扎；应依次安装相邻墙体，固定校正后及时对构件连接处钢筋进行绑扎，以加强构件的整体牢固性，如图3.15所示。

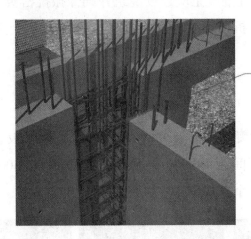

节点区钢筋绑扎（两块板之间20cm空隙使用挤塑板塞缝，将暗柱箍筋按照方案要求绑扎固定在预制墙板钢筋悬挑处钢筋上，从暗柱顶端插入竖向钢筋，再将箍筋与竖向钢筋绑扎固定）

图 3.15　绑扎墙身钢筋

②外墙现浇剪力墙节点内模采用木模或钢模，模板拉杆螺栓直径$\phi 12$，螺杆间距为650mm×650mm。内墙现浇剪力墙节点采用50mm×100mm木方做龙骨，18mm厚木胶板做面板配制，竖楞净距不大于150mm，墙箍采用$\phi 48$钢管、$\phi 14$对拉螺杆；第一道柱箍距板面200mm，间距为450~600mm。对拉螺杆采用可拆卸式，拆模后一并回收利用，螺杆形式以翻样图为基准，如图3.16所示。

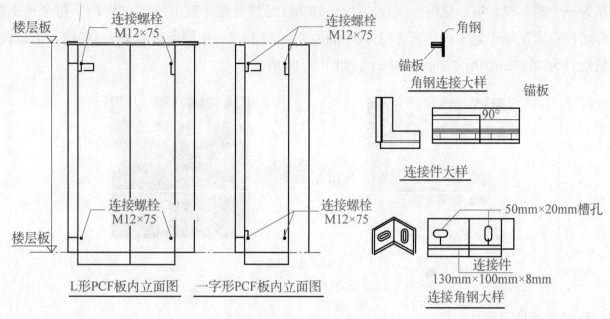

图 3.16 现浇剪力墙节点

③混凝土浇筑应布料均衡。构件接缝混凝土浇筑和振捣应采取措施，防止模板、相连接构件、钢筋、预埋件及其定位件移位。节点处混凝土应连续浇筑并确保振捣密实。

④预制墙体斜支撑需在墙体后浇带侧模拆模后拆除。后浇带侧模需在混凝土强度能保证其表面及棱角不因拆除模板受损后拆除。

4)搭楼板支架及吊装楼面板：

①支设预制板下支撑：

a. 内外墙安装完成后，按设计位置支设专用三脚架可调节支撑(梁、阳台板、空调板、设备平台板为普通 $\phi48\times3.5$ 钢管架支撑：立杆间距为 900mm×900mm，步距为 1500mm，从横向扫地杠距地 20cm)。每块预制板支撑为 4~6 个，如图 3.17 所示。

(a)　　　　　(b)　　　　　(c)　　　　　(d)

图 3.17 叠合板吊装与安放

(a)安放支架；(b)叠合板起吊；(c)准备就位、调整位置；(d)收钩完成

b. 将木(铝合金)工字梁放在可调节三角支撑上，方木顶标高为楼面板底标高，转动支撑调节螺钉将所有标高调至设计标高。竖向连续支撑层数不应少于 2 层，且上下层支撑应在同一直线上。

②依排版图弹板、梁位置线及楼板、梁吊装：

a. 根据楼板、梁吊装图在预制墙体上画出板、梁缝位置线，在板底或侧面事先画好搁置长度位置线，以保证板的定位和隔置长度。

b. 预制楼板起吊时，吊点应不少于 4 个，叠合楼板起吊点设置在桁架钢筋上弦钢筋与斜向腹筋交接处，吊点距离板端为整个板长的 1/5 ~ 1/4。预制梁起吊时，吊点不少于 2 个。预制梁、板吊装必须用专用吊具吊装。

c. 由于预制楼面板面积大、厚度薄，吊车起升速度要求稳定，覆盖半径要大，下降速度要慢；楼面板应从楼梯间开始向外扩展安装，便于人员操作；安装时两边设专人扶正构件，缓缓下降。

d. 将楼面板校正后，预制楼面板各边均落在剪力墙、现浇梁(叠合梁)上 15mm，预制楼面板预留钢筋落于支座处后下落，完成预制楼面板的初步安装就位。预制楼板与墙体之间 1cm 缝隙用干硬性坐浆料堵实。

e. 预制楼面板安装初步就位后，转动调节支撑架的可调节螺钉，对楼面板进行三向微调，确保预制部品调整后标高一致、板缝间隙一致。根据剪力墙上 500mm 控制线校正板顶标高。

③调整板、梁的位置及整理锚固筋：

a. 用撬棍拨动板端，使板两端搭接长度及板间距离符合设计要求。叠合梁、板安装就位后，应对水平度、安装位置、标高进行检查。

b. 对板端伸出的锚固筋进行整理，严禁将锚固筋弯折或压在板下，弯钢筋用套管弯，防止弯断。

④预制楼梯安装(图 3.18)：

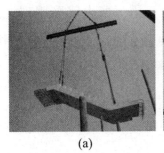 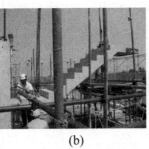  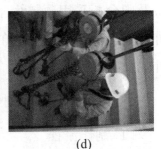

(a)　　　　　　(b)　　　　　　(c)　　　　　　(d)

图 3.18　预制楼梯安装

(a)楼梯起吊；(b)准备就位；(c)调整位置；(d)收钩完成

a. 首先，支设预制板下钢支撑，按设计位置支设楼梯板专用三脚架可调节支撑。每块预制楼梯板支撑为 4 个；长方向在梯板两端平台处各设一组独立钢支撑。下端支撑于平台板处，上端支撑于梯梁底处，B 户型在梯平台板两端各设一组独立支撑；休息平台处模板支撑体系需上下保持 3 层。

b. 预制楼梯安装前，弹出楼梯构件端部和侧边控制线以及标高控制线。

c. 在摆放预制楼梯前，应在现浇接触位置用 C25 细石混凝土找平，同时安放钢垫片调整预制楼梯安放标高；预制楼梯分为上下两个梯段，两端楼梯待完成楼面混凝土浇筑后吊装；吊装时应用一长一短两根钢丝绳将楼梯放坡，以保证上下高差相符，顶面和底面平行，便于安装；将楼梯预留孔对正现浇位预留钢筋，缓慢下落。脱钩前用撬棍调节楼梯段水平方向位置。完成下段楼梯后，安装上段楼梯。注意：预留螺钉的角钢位置要相对应。

d. 吊装完成后，用撬棍拨动楼梯板端，使板两端搭接长度及位置符合设计要求。待楼梯固定后，用连接角钢固定上段楼梯与外墙；最后，用聚苯材料对楼梯板端周边缝隙进行填充，锚固孔灌浆锚固。

目前，该结构体系技术标准、设计方法、构造措施等已经纳入《装配式混凝土结构技术规程》（JGJ 1—2014）和北京市、辽宁省等地区装配式剪力墙结构的地方标准中。该体系在蜀山四期公租房项目施工实践中获得了成功，取得了良好的效果，减少了工期，做到了节能、节材和减排，为产业化发展提供了成功的工程范例。

3.1.3 预制装配式高层住宅施工技术

1. 工程概况

万科新里程 PC 项目位于上海市浦东新区高青路 2878 号，为浦东新里程 A03 地块 B1 标段 20 号商品住宅楼，建筑面积 7 531.94m²，14 层，层高 2.92m。21 号商品住宅楼建筑面积为 6 483m²，11 层，层高 2.92m。本住宅楼结构形式为框架-剪力墙结构，外墙预制墙板、楼层板及阳台板采用预制叠合板，室内楼梯采用预制梯段板，结构框架柱、梁、剪力墙采用现浇。外墙铝合金窗、饰面砖在预制加工时一并完成。外墙板防水采用节点自防水：内侧、中间和外侧设置 3 道防水体系，分别是止水条防水、空腔构造防水和密封材料防水。

2. 预制构件的制作、运输和堆放

（1）制作流程

该工程预制构件制作采用工厂化流水生产，各种预制构件全部采用定型模具。墙、板模板主要采用平躺方式，由底模、外侧模和内侧模组成，墙、板正面和侧面全部和模板密贴成型，使墙、板外露面能够做到平整光滑，观感质量好，墙、板翻转主要利用专用夹具，转 90° 正位。

断热型铝合金窗框直接预埋在预制外墙板中，窗框安装时，在模具体系上安装一个和窗框内径同大的限位框。窗框直接固定在限位框上，以防窗框固定时被划伤和撞击，框上下方均采用可拆卸框式模板，分别与限位框和整体模板固定连接。

预制外墙板饰面砖通过特殊工艺加工制作而成，主要工艺为：选择、确定面砖模具格→

在模具格中放入面砖→嵌入定制分格条→用滚筒压平→粘贴保护纸→用专用刷刷粘牢固→用专用工具压粘分格条→板块面砖成型产品。

铺贴预制墙板面砖时，先对模具进行清理，按控制尺寸和标高标记固定就位。按墙面面砖控制尺寸和标高，并在模具上设置标记，放置并固定成型产品面砖。预制构件混凝土浇筑时，重点控制保护模具支架、钢筋骨架、饰面砖、窗框和预埋件。预制构件养护采用低温蒸养，表面遮盖油布做蒸养罩、内道蒸汽的方法进行。油布与混凝土表面隔开300mm，形成蒸汽循环的空间。

蒸养分静停、升温、恒温和降温4个阶段。为确保蒸养质量，PC构件蒸养过程采用自动控制。蒸养构件的温度和周围环境温度差不大于20℃时，揭开蒸养油布，PC构件达到设计强度要求后翻转起吊和堆放。

(2)预制构件的运输

建筑预制构件高大异形、重心不一，由于城市高架、桥梁道路的限制，一般运输车辆不适宜装载，需要进行改装，以降低车辆装载重心高度，并设置车辆运输稳定专用固定支架。

预制叠合板、预制阳台和预制楼梯采用平放运输，预制外墙板采用竖直立放式运输。预制外墙板养护完毕即安置于运输架上，每一个运输架上放置两块预制外墙板。为确保装饰面不被损坏，放置时插筋向内、装饰面向外，放置时的倾斜角度不小于30°，以防止倾覆。为防止运输过程中损坏PC外墙板，在运输架上设置定型枕木，预制构件与架子、架子与运输车辆都做可靠固定连接(图3.19)。

图3.19 构件运输

(3)预制构件的堆放

施工现场须设计专用搁置堆放架后才能起用吊装。本工程共采用3种堆放架形式：①对称型，堆放基本标准型构件；②夹杆加强型，堆放构件预留洞口较大、整体性差的构件；③杆件连接支撑型，堆放异形有转角立体型构件(图3.20)。

图 3.20 构件在现场堆放

3. 现场塔式起重机布置

本工程预制构件单件最大质量达到 6t，吊点最远端构件离塔式起重机中心 40m。按照最大预制构件质量要求，通过选型、比较，采用适合的塔式起重机型号，并结合构件堆放位置进行合理布置。塔式起重机采用固定式机型，型号为 H3/36B，臂长 40m 处的最大起重量超过 6t，满足了预制构件吊运与装配施工起重要求。

4. 预制构件现场施工

（1）预制构件吊装

预制外墙板在运抵施工现场后，经现场管理人员清点数量并核对编号，并采用专用吊具将外墙板吊至结构安装位置（图 3.21）。施工人员在将外墙板初步就位后，随即设置临时支撑系统与固定限位措施。临时支撑系统由水平连接和斜向可调节螺杆组成，可调节螺杆外管为 $\phi52\times6$，中间杆直径为 $\phi28$，可调节螺杆在外墙板安装完成后还可起到垂直度调节的作用。

图 3.21 构件吊装

外墙板与楼层面限位固定采用两组 L 形 20 号槽钢材料拼接而成，采用可拆卸螺栓固定。预制叠合板与阳台板在运抵施工现场并清点、核对编号后，采用专用吊具吊到已搭设完毕的临时固定与搁置排架上，由施工人员逐块安装就位(图 3.22)。

将预制楼梯运抵施工现场并清点、核对编号后，采用专用吊具吊至楼板预安装位置，并由人员进行安装就位(图 3.23)。

图 3.22 安装预制叠合板

图 3.23 安装预制楼梯

(2)预制构件固定与校正

由于该项目装配精度要求标准与以往预制装配建筑不同，即吊装结构完成面就是建筑装修完成面，把结构、装修两个施工程序并为一次完成。因此，装配精度控制校正是本次应用技术的关键。为达到该标准要求，在技术措施主要采用了吊索变距、支撑变幅、顶升变位的三维校正方法，使相邻构件平面装配误差不超过 1mm，高低误差不超过 2mm(图 3.24)。

图 3.24 固定与校正

(3)预制构件与现浇结构连接

该工程两幢 PC 建筑分别采用"构件与结构同步连接安装设计"和"先结构，后构件安装设计"两种连接设计形式。

"构件与结构同步连接安装设计"采用 160mm 厚预制外墙板与框架柱外挂叠合连接，预制外墙板时在板四侧预留企口，并在墙板左右两侧及板顶端预留钢筋，待板安装就位后通过浇筑梁、柱、楼板混凝土，将外墙板与结构柱连为一个整体，同时墙板边缘企口相互咬合形成构造空腔，空腔通过导流管与大气连通。外墙缝表面用高分子密封材料封闭。此设计中整个建筑外立面均被预制外墙板覆盖，外饰面可在工厂完成，以减少高空湿作业，改善工人操作环境；缝的类型较为单一；每条拼接竖缝处有现浇混凝土柱，使水汽渗透路线加长，防水性好；能提高建筑工业化程度，符合建筑工业化要求。

"先结构，后构件安装设计"主体结构为现浇框架-剪力墙结构，外墙采用预制外挂墙板，除首层楼板采用全现浇外，其他层楼板采用钢筋混凝土叠合楼板，局部构件如阳台、楼梯为预制件。上部结构框架柱尺寸为 450mm×550mm、450mm×500mm、400mm×400mm，框架梁高 500mm，剪力墙厚 200mm，在两个单元拼接凹口部位拉板，以避免平面不规则，控制楼层最大位移与平均位移比为 1.2 左右，以减小扭转影响。叠合板预制板厚 75mm、宽 2 000mm 左右，叠合层厚 105mm；预制外墙板厚 180mm。墙板安装就位后，墙板通过下端预留钢筋与框架梁整浇、上端采用预埋螺栓和框架梁铰接进行固定连接；外墙板与主体结构留有 50mm 缝隙，外墙板之间有 25mm 缝隙，墙板之间、墙板与主体结构之间可以有一定变形，保证在主体结构受水平荷载作用时外挂墙板不参与受力。通过墙板边缘企口相互咬合形成构造空腔，空腔通过导流管与大气连通。

防水做法为：材料密封防水，空腔构造，防水密封条。叠合楼板是将 75mm 预制楼板固定安装后，整浇 105mm 厚叠合层，与梁现浇成一个整体。

（4）安全围挡施工

设计应用专门外墙安全围挡体系，以适应装配式施工要求，提高效率，因此外墙不搭脚手架。该项目采用的新型插销式移动围栏具有不妨碍构件吊装、轻型可移动、可与预制构件连接一体、成本低、可周转反复使用等特点。

（5）施工质量控制

施工过程中，按照预制构件的制作及现场施工安装两个大环节进行质量控制。

预制构件制作过程中，对钢模板加工、面砖铺贴、铝窗入模、预埋件及预留洞等多个环节制订严格的检测程序，明确检测项目、检测方法、控制允许偏差等。

针对预制钢模的制作，对钢模的边长、板厚、扭曲变形、对角线误差、预埋件、直角度等方面进行检测控制。面砖入模前，针对面砖质量、面砖颜色、面砖对缝、窗上楣鹰嘴进行检测控制。

预制构件在出厂装车前，对于出模混凝土强度、预制板板长、预制板板宽、预制板板高、预制板侧向弯曲及外面翘曲、预制板对角线差等多个方面进行监控。

在预制墙板吊装浇混凝土前，对每层墙板的完好性（放置方式正确，无缺损、裂缝等）、楼层控制墨线位置、面砖对缝、每块外墙板尤其是四大角板的垂直度、紧固度（螺栓帽、三角靠铁、斜撑杆、焊接点等的紧固度）、阳台、凸窗（支撑牢固、拉结、立体位置准确）、楼梯

（支撑牢固、上下对齐、标高）、止水条、金属止浆条（位置正确、牢固、无破坏）、产品保护（窗、瓷砖）、板与板的缝宽等进行检查与纠正。

在整个施工质量控制流程中，制订了9套检测计划表，由厂方、总包单位与监理单位共同验收并签发，使预制构件质量从厂内制作到现场最终安装完毕始终处于受控状态。

通过对万科新里程预制装配式住宅施工进行总结，并与传统施工方法进行对比发现：

1）所有预制构件采用吊装就位，提高了施工工效。

2）现场的模板制作、钢筋绑扎和混凝土浇捣量大大减少。

3）施工现场的用水、用电、脚手架等能耗指标明显下降。

4）废弃物、噪声及光污染得到有效控制。

5）铝合金窗框直接预埋在外墙构件中，从工艺上解决了门窗渗漏问题。

6）主体结构与外饰面砖一次成型，避免了不安全脱落和湿作业施工粉尘产生，既安全可靠，又美观大方。

7）大量采用垂直吊运机械作业，提高了机械化施工程度。

8）预制构件现场安装就位和精度调整要求高。

9）施工现场成品种类多，保护难度大。

10）施工工序控制与施工技术流程的安排更为严密。

11）现场施工过程中的安全保障措施特殊。

12）规范化的施工操作对施工人员的技能要求更高。

3.2　实践操作：某装配式高层住宅操作

1. 工程概况

金域华府全装配工业化高层住宅工程共27层，总高约80m，是目前全国已建最高的全装配式住宅。

本工程地下2层、地上27层，总建筑面积为11 838m^2，总高度为79.85m，单层面积为395.05m^2，层高2.9m，两梯四户，楼梯形式为剪刀梯。

标准层：外墙板22块，内墙板13块，叠合板46块，8t预制悬挑构件11块，其他预制构件10块，共计102块。其中，外墙板为挤塑聚苯板复合夹芯板，最大构件质量为8t，楼梯为4t（图3.25）。现浇混凝土用量为63.46m^3。

灌芯装配式
混凝土剪力
墙结构技术
BIM施工动画

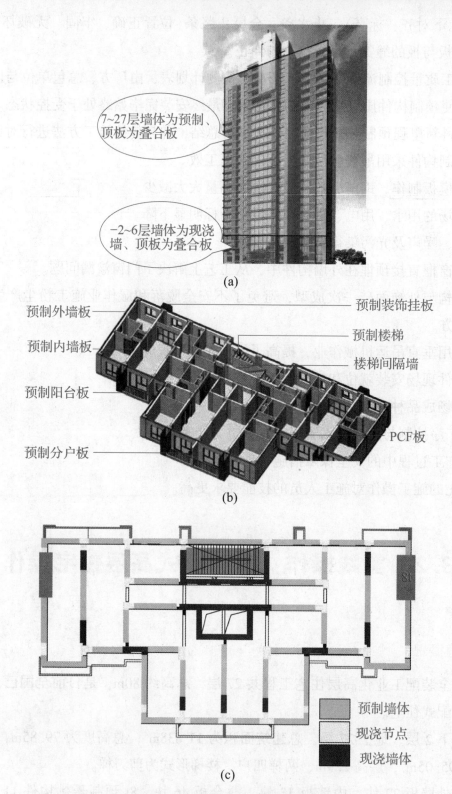

图 3.25 装配式高层剪力墙概况

2. 工程前期策划

住宅产业化前期策划主要包括前期准备阶段策划和使用阶段策划(图 3.26)。施工单位主要策划内容为塔式起重机选型、构件存放、钢筋定位、工具设计、支撑体系、构件安装工艺等工业化前期策划工作,确保后期顺利实施。

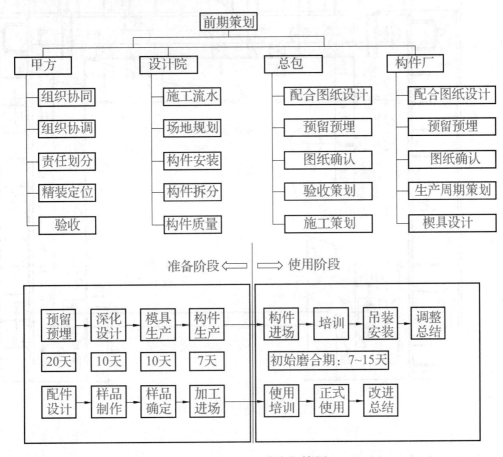

图 3.26 工程前期策划

(1)专业班组配备

根据施工工序,项目配备专业施工班组,并对吊装、注浆等工种进行与业培训,确保持证上岗(表 3.2)。

表 3.2 专业班组配备表

班组	吊装	注浆	测量	钢筋	模板	混凝土
人数	6	4	3	7	6	8

(2)深化设计

在装配式住宅楼施工前,项目从生产、施工等参建各方角度出发,对构件进行深化设计。

预制墙体深化设计包括斜支撑预埋套筒定位、模板及固定孔位、窗边龙骨固定孔位、构件企口设计、外窗木砖预埋、其他预留孔洞,如图 3.27 所示。

135

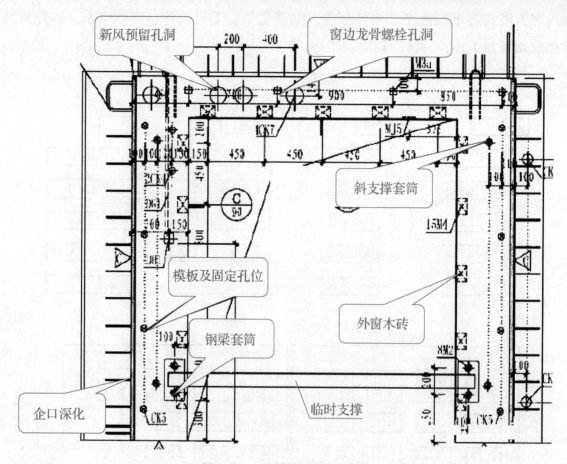

图 3.27 预制墙板深化设计

预制叠合板深化设计包括烟风道洞口、吊点预埋、电盒预埋及板边企口设计等(图 3.28)。

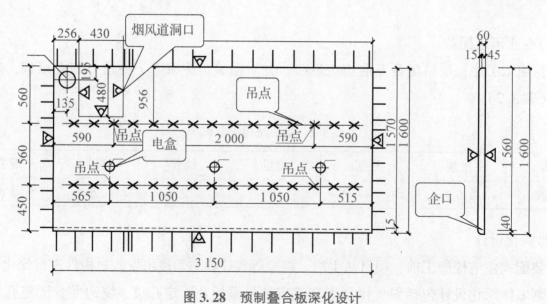

图 3.28 预制叠合板深化设计

(3)施工策划

项目根据装配式结构特点,在施工前对现场平面布置、塔式起重机锚固、外梯安装、配件工具、构件存放等项目进行了详细策划。

1)现场平面布置：现场道路满足大型构件车辆进场运输，塔式起重机性能满足构件卸车区、存放区布置要求(图3.29)。

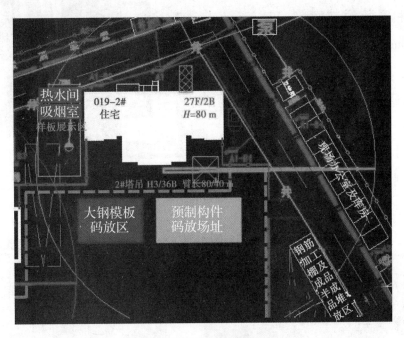

图 3.29 现场平面布置

2)塔式起重机锚固：2号装配式住宅楼墙体为预制构件，塔式起重机采用不现浇节点锚固方式，西侧锚节点在现浇节点处预留锚固钢板；东侧锚节点设置在房间内，采用现浇节点预埋钢梁方式锚固(图3.30)。

图 3.30 塔式起重机锚固

3)外电梯安装：为配合穿插施工，利用装配式住宅线条简明、安装尺寸精准的特点进行外电梯安装。外电梯轿厢安装后与南侧阳台距离仅 250mm，并设置双排平台架(图 3.31)。

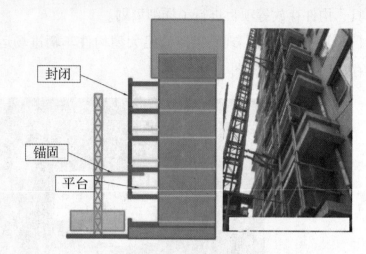

图 3.31 施工外电梯安装

4)构件存放：为节省场地、降低存放架成本，项目在预制墙体进场前自行设计整体预制墙体插板架，以便预制墙体集中放置(图 3.32)。

 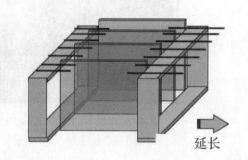

整体插板架存放

图 3.32 构件存放

(4)工具配件

工具配件包括楼梯吊装吊件(扁担、吊件)、楼梯隔墙吊件(吊装钢板、连接件)、墙体吊件、螺栓(楼梯、隔板、顶板圈边、铝模、斜支撑)、定位钢板、注浆原料及工具(注浆机、砂浆、堵头、橡塑棉)。

(5)建设单位职责

建设单位职责包括构件生产首件验收、构件安装首段验收。

(6)构件厂职责

1)构件模板图、配筋图、水电土建预留预埋图等应经设计单位签字确认。

2)应编制预制构件生产方案，明确技术质量保证措施，并经企业负责人审批后实施。

3)应采购符合设计要求的钢筋、保温板、灌浆套筒等材料，并加强进场材料、钢筋套筒连接接头、混凝土强度等检验管理。

4)构件生产过程中，应对丝头加工、接头连接、连接件数量等进行隐蔽验收。

5)对预制构件结构性能、夹心保温外墙板传热系数进行检测。

🔧 3. 中期实施

中期实施流程如图 3.33 所示。

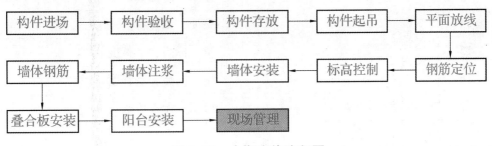

图 3.33　中期实施流程图

（1）构件进场检验

构件进场时，项目栋号工长组织材料、质量、实测、技术相关人员共同对构件外观、质量、尺寸等项目进行联合验收，土建验收项目共 12 项，水电验收项目共 5 项（表 3.3）。

表 3.3　构件进场验收

专业工程	序号	项目	检验标准
土建	1	预制构件合格证书及验收记录	资料齐全
	2	构件外观质量	无开裂、破损
	3	窗口	各层连接紧密；保温层砂浆饱满，无保温层外露
	4	预留洞口	位置准确，数量无误
	5	平整度	[0，4]
	6	预制构件截面尺寸	外叶板：120mm；[-5，5]
	7	预制构件截面尺寸	结构墙：200mm，250mm；[-5，5]
	8	灌浆连接钢筋留着长度	—
	9	顶面、侧面、底面凿毛	凿毛深度≥4mm
	10	预留预埋螺母、套筒	位置准确，数量无误
	11	吊装、运输用吊环	位置准确，规格无误，无裂纹、无过度锈蚀、无颈缩
	12	灌浆套筒是否通畅	通畅、无异物，深度符合要求

续表

专业工程	序号	项目	检验标准
机电	13	线盒	标高、坐标准确
	14		整洁、无异物
	15		统一标高、平整度
	16		统一标高、垂直度
	17	线管	通畅，无直角弯头

(2)构件存放

每组竖向最多码放 5 块；支点为两个，支点和吊点需不同位；每块板垫 4 个支点；6 个吊点的也垫 4 个支点。

注意：应避免不同种类一起码放，否则由于支点位置不同，会造成叠合板裂缝(图 3.34)。如无法避免不同种类混放，支点应与下层支点位置一致。

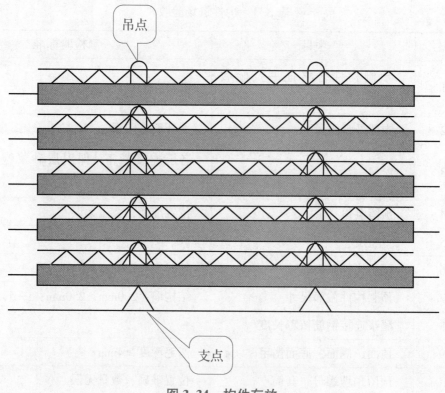

图 3.34 构件存放

1)楼梯码放：支点与吊点同位；支点木方高度考虑起吊角度；楼梯到场后立即成品保护。

注意：起吊时防止端头碰撞；起吊角度应较安装角度大 1°~2°；构件存放场地应硬化；构件存放场地应平整(图 3.35)。

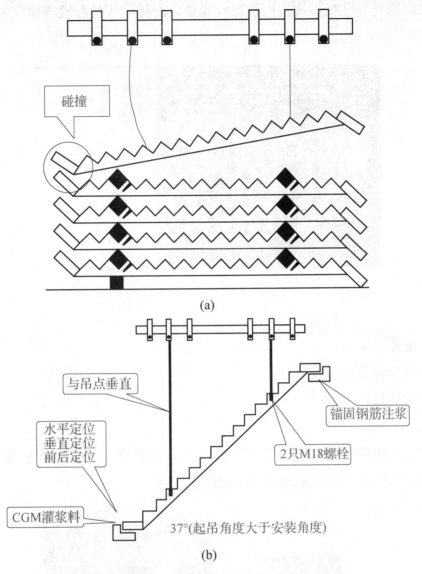

图 3.35 楼梯码放及安装

2)墙体码放：支点放置碰撞外叶板；支点木方高度考虑外叶板高度(图 3.36)。

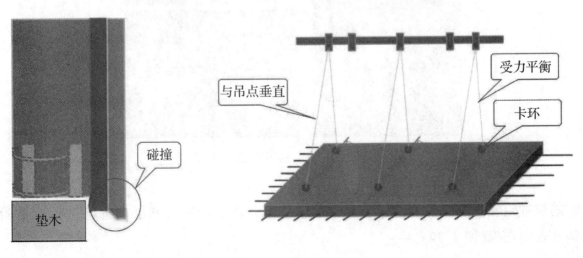

图 3.36 叠合板起吊

注意：起吊时防止外叶板碰撞；构件存放场地应硬化；构件存放场地应平整。

（3）平面放线（图3.37）

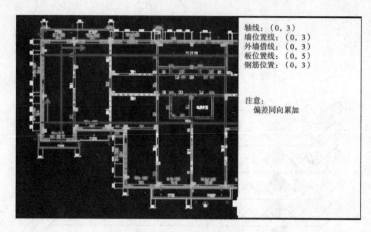

轴线：（0,3）
墙位置线：（0,3）
外墙借线：（0,3）
板位置线：（0,5）
钢筋位置：（0,3）

注意：
偏差同向累加

图3.37 平面放线

注意：

1）同向偏差的累加。

2）构件的相对位置与绝对位置。

3）预留钢筋的位置。

（4）钢筋定位

钢筋位置准确是构件顺利安装的关键环节，经反复研究，在定位钢板基础上增加定位套管，能有效解决钢筋位置不准及不垂直的问题（图3.38）。

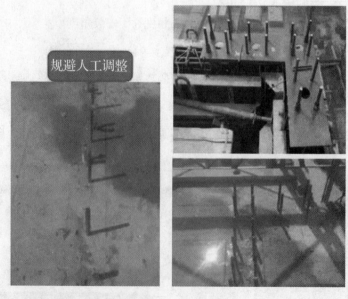

规避人工调整

图3.38 钢筋定位

钢筋位置验收：构件吊装前，要对钢筋位置、长度、间距、基层清理等进行严格验收，确保构件安装准确（图3.39）。

图 3.39　钢筋验收

(a)开间、进深、方正度验收；(b)钢筋伸出长度验收；(c)钢筋位置验收

(5)墙体控制

将原有垫片标高控制改进为预埋套筒及螺栓方法控制墙体标高。

可调螺栓具有螺栓固定牢固、丝扣旋转更精准、预埋后调节简便等优点。

1)为保证预制构件吊装时便于安装，吊装构件时采用钢扁担吊装(图 3.40)。根据吊装需要，钢扁担上下两侧各开 21 个 50mm 圆孔。

图 3.40　预制墙体吊装

2)安装重点是防止聚乙烯棒处漏浆、构件标高控制、构件位置控制、钢筋不得贴套筒壁。

3)构件位置调整：内外位置使用斜撑调整、左右位置使用特制工具、上下使用钩式千斤顶(图3.41)。

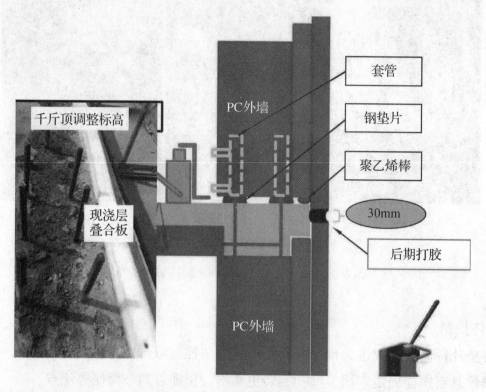

图3.41 构件位置调整

4)PC外墙位置控制(图3.42):

图3.42 PC外墙位置控制

①安装前，按图纸在顶板弹出相应控制线。

②安装时，按位置控制线就位安装。有偏差时，使用工具及时微调。

③控制外墙面平整度。

④控制缝隙偏差。

预留钢筋长度相同，需要多组钢筋同时插入套筒，花费时间较长。解决办法：边角设置一根较长的诱导钢筋；扩大钢筋插入口(图 3.43)。

图 3.43　柱对位安装

安装精度管理不到位，对精度控制的意识低(图 3.44)：

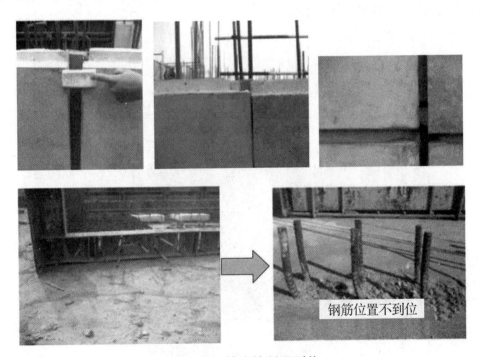

钢筋位置不到位

图 3.44　精度控制不到位

①构件生产钢筋定位不准，导致现场钢筋位置偏差。

②现场墙体位置不准，造成钢筋位置偏差。

5）板面平整度不到位（图3.45）。

图3.45　板面平整度不到位

①安装时只关注内侧，不关注外侧。

②使用专用工具控制墙面平整度。

③要有专项工序的检查验收。

（6）引导绳的使用

未使用引导绳安装，如图3.46所示。

图3.46　未使用引导绳吊装阳台

使用引导绳便于初始构件定位、定向，可以有效提高安装速度（图3.47）。

（7）构件设计问题及节点防水

厚度不够容易破损，导致渗水、冬季冻胀，造成外叶板脱落。建筑防水质量是保证使用功能的重要因素之一，防水效果直接影响建筑物的使用寿命。现场拼装的构配件之间会留下大量的拼装接缝，这些接缝很容易成为渗漏水通道。装配式预制构件、部品、部件在工厂集中加工，标准化生产，自身各项技术指标相对较为稳定，优于施工现场的生产条件。装配式建筑外墙防水重点、难点主要体现在预制外墙板缝间的防水密封及预制构件与现浇结构之间的裂缝控制（图3.48）。

图3.47 使用引导绳吊装构件

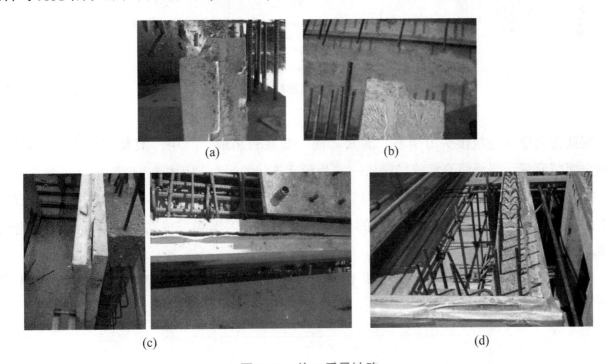

图3.48 施工质量缺陷

（a）厚度不合格；（b）保护层厚度不够；（c）裂缝问题（在构件出厂前及时修复）；（d）节点防渗漏保护

（8）墙体注浆

钢筋套筒灌浆连接技术是指带肋钢筋插入内腔为凹凸表面的灌浆套筒，向套筒与钢筋的间隙灌注专用高强水泥基灌浆料，灌浆料凝固后将钢筋锚固在套筒内实现固定预制构件的一种钢筋连接技术（图3.49）。该技术将灌浆套筒预埋在混凝土构件内，在安装现场从预制构件外通过注浆管将灌浆料注入套筒，以完成预制构件钢筋连接。其是预制构件中受力钢筋连接的主要形式，主要用于各种装配整体式混凝土结构受力钢筋连接。

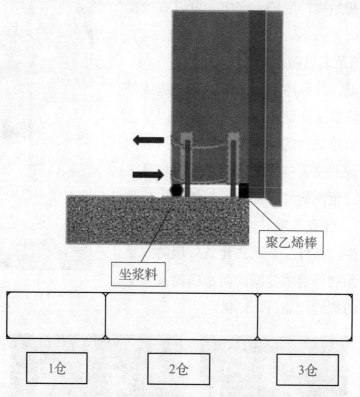

聚乙烯棒

坐浆料

1仓   2仓   3仓

图 3.49 钢筋套筒灌浆连接示意图

钢筋套筒灌浆连接接头由钢筋、灌浆套筒、灌浆料组成。其中，灌浆套筒分为半灌浆套筒和全灌浆套筒，半灌浆套筒连接接头一端为灌浆连接，另一端为机械连接。

钢筋套筒灌浆连接施工流程主要包括：预制构件在工厂完成套筒与钢筋连接，套筒在模板上的安装固定和进出浆管道与套筒的连接，在建筑施工现场完成构件安装、灌浆腔密封、灌浆料加水拌和及套筒灌浆。

施工重点是注浆工经专业培训，浆料严格按说明配置，专人全程监控，舱内清理干净、湿润，留置影像资料(图 3.50)。

图 3.50 套筒灌浆示意图

坐浆时，采用专用工具控制坐浆料塞缝宽度小于 3cm。设立专职注浆负责人，对注浆质量进行监控。每块预制墙体注浆都留有影像资料，并标明日期、型号等(图 3.51)。

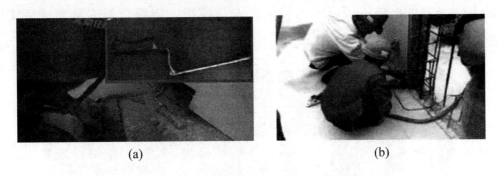

(a)　　　　　　　　　　　　　　　(b)

图 3.51　坐浆法施工质量控制

(a)专用工具保证坐浆厚度；(b)专职人员监控质量

(9)墙体钢筋

1)丁字墙体箍筋设计为分体箍筋，其优点是设计考虑现场施工，避免破坏预留箍筋(图 3.52)。

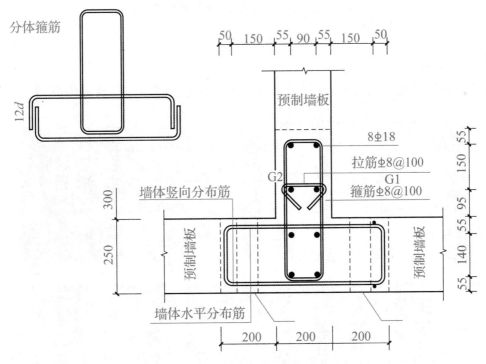

图 3.52　丁字墙体箍筋深化设计

2)顶板连梁箍筋：

①X、Y、Z 这 3 个方向钢筋交叉，包括叠合板外伸钢筋、墙体预留主筋、墙体开口箍筋、连梁箍筋、连梁主筋。

②空间较小，很难绑扎。

③此部分严重降效。

为解决节点处模板与构件刚性结合漏浆问题，采用构件留 30mm 宽、8mm 深企口，模板安装防漏条(图 3.53)的措施。现浇节点使用铝合金模板，待叠合板安装完成后实现墙顶一次浇筑，节约工期 1 天。

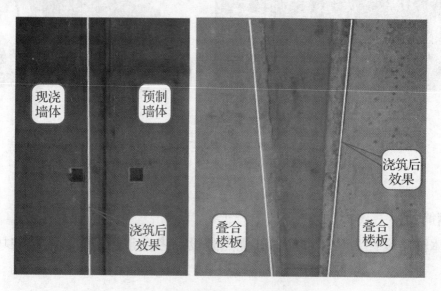

图 3.53 模板安装防漏条效果

(10)叠合板安装

圈边龙骨→独立支撑→铝梁→木模→吊装顶板→调整标高→调整圈边龙骨(图 3.54)。

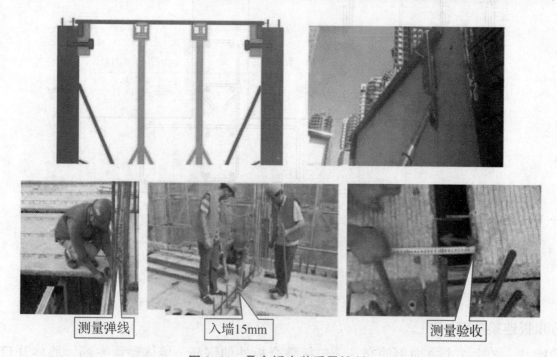

图 3.54 叠合板安装质量控制

施工重点：

1)叠合板钢筋不与墙体钢筋冲突，图纸深化时需考虑位置关系。

2)叠合板钢筋不与梁主筋冲突，应先拆除主筋后还原。

3)叠合板胡子筋严禁现场弯曲(图3.55)。

4)支撑间距及位置要经过验算。

5)施工时，独立支撑位置需与方案一致，防止构件产生裂缝。

(11)阳台安装

阳台板、悬挑板定位时，挑板定位采用"四点、一平、一尺法"。"四点"指墙面两点，构件两点；"一平"指构件找平；"一尺"指构件外伸长度安装时采用斜面安装，即一端先落地对正，再对正另一端(图3.56)。

图 3.55　叠合板胡子筋弯折现象

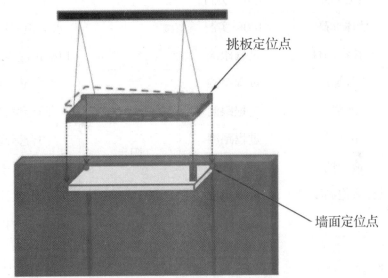

挑板定位点

墙面定位点

手动葫芦

测量定位

图 3.56　预制阳台安装

（12）工序验收

工序验收时，每道工序必须 100%合格（表 3.4）。

表 3.4　工序验收项目

分类	验收项目	验收方法	分类	验收项目	验收方法
测量放线	楼板放线	100%实测	钢筋工程	同现浇结构	同现浇结构
	构件位置线	100%实测	模板工程	同现浇结构	同现浇结构
预留、预埋	调节螺栓标高	100%实测	混凝土工程	同现浇结构	同现浇结构
	预留钢筋标高	100%实测	顶板	独立支撑位置	吊装前验收
	预留钢筋位置	100%实测		周边龙骨	吊装前验收
墙体安装	墙体安装位置	过程跟测		叠合板位置	100%实测
	墙体垂直度	过程跟测		预留孔洞位置	100%实测
	拼缝间距	100%实测		水电安装	钢筋绑扎前验收
	墙体标高	100%实测		水电预留位置	100%实测
	支撑牢固性	过程跟测		顶板预埋件位置	100%实测
注浆	大气温度	过程跟测	阳台	墙主筋定位	100%实测
	水温	过程跟测		阳台位置	100%实测
	用水量	过程跟测		阳台标高	100%实测
	流动性	过程跟测		阳台水平	100%实测
	注浆饱满度	过程跟测		阳台支撑	抽查
	坐浆质量	过程跟测		相邻阳台拼缝	100%实测

（13）每日工作会

每天召开工作会，参加人员为项目部 2 号楼工长、技术员、质量员、安全员、施工员，施工队长、安全员、质量员。

工作会主要内容如下：

1）工事确认单。对今天及明天施工计划、材料计划、验收情况、安全文明施工事项进行确认。

2）施工交底作业表。对今天发生的施工工序部位、用工人数、施工时间、施工中遇到的问题进行确认和分析。

（14）资料管理内容

装配式建筑施工资料管理内容与现浇结构的区别主要有抗剪预埋件、进场检验、墙体吊装、隐蔽工程检查、吊装检查记录、斜撑检查记录、坐浆检查记录、灌浆施工检查记录、灌浆现场制作检查记录、铝模板检查记录、模板及支撑、抗剪焊接。

（15）实验管理内容

工业化结构施工试验特有的项目有灌浆料原材进场检验、坐浆料原材进场检验、灌浆料28d试块抗压强度、灌浆套筒工艺检验、灌浆套筒28d抗拉强度。

（16）安全管理重点

安全管理重点：塔式起重机设置限重半径；塔式起重机吊具每日检查；吊装机械验收分色管理；作业面安装安全绳，以便安全带挂接（图3.57）；楼层设置安全负责人，作业层设置工序负责人，针对工业化，阳台设置安全挂网（图3.58）。

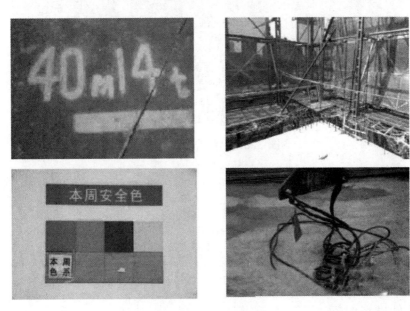

图3.57　安全管理

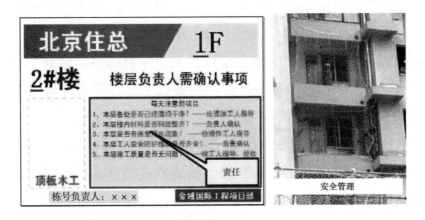

图3.58　楼层安全负责人标志

（17）集成爬架的使用重点要求

1）解决阳台挑架问题。

2）实现外墙穿插施工。

3)防护更严密(图3.59)。

图3.59 集成爬架防护

(18)计划管理内容

1)编制单层流水工序计划。

2)规定每日工作内容。

3)分析塔式起重机使用时间。

4)找出合理构件进场时间。

5)明确安全管理工序,使工业化有组织、有顺序施工。

在工程实施阶段,项目部根据整体网络施工进度计划图,编制"整体穿插施工循环计划表",将结构施工、初装修施工、精装修施工、外檐施工所有工序进行排序、衔接。通过工序的有效衔接,将各分包各工序计划的准确度进行锁定,项目部将进度计划张贴于现场,实现进度控制可视化。通过每天确定各工序进度,实现多道工序、多家分包"同时、有序、准确"施工。

穿插原因:结构特殊,结构工期长,通过立体穿插缩短整体工期。

通过整体工序穿插的有序组织,将初装修、精装修提前插入,结构施工一层,装修提升一层,实现结构施工至23层,2层达到交用标准,有效实现"合同签订提前、部品加工提前、工期提前"。

4. 本工程后期总结

(1)技术经济分析

养护用水减少,节约334t;构件的使用降低了顶板木材的使用,节约177 493元;采用整体穿插,节约工期2个月;墙体为构件,墙体模板面积减少,节约349 102元。

（2）用工分析

2号装配式住宅楼单层用工28人，同面积现浇住宅楼用工39人，节省用工量28.2%（表3.5）。

表3.5 用工分析

工种	2号装配式住宅楼	现浇住宅楼	降低率
钢筋工/人	7	15	53.3%
混凝土工/人	8	12	33.3%
灌浆工/人	4	—	−100%
模板工（吊装工）/人	6	12	50%
测量工/人	3	—	−100%

（3）工业化效率提升分析

工业化效率提升分析如表3.6所示。

表3.6 工业化效率提升分析

项目	需改进部分
图纸设计	设计阶段应考虑施工难易度，便于现场实施
	个别节点比较复杂，需要相应规范等支持进行改进
现场施工	产业化各级管理及工人施工素质有待提升
	产业化施工应当以技术质量指导现场
	产业化施工精度控制应该更严格
	产业化施工的各道工序验收应该更严格
	好工具才能做出好质量
	各个环节的精细才能确保后期的精准作业（构件生产、现场安装）
	前期策划很重要，精细的策划才能做出精细的工程

装配式建筑施工专项施工组织设计

4.1 知识准备：高层 PC 项目施工组织设计案例分析

4.1.1 工程概况、编制依据以及工程特点

1. 工程概况

本工程主要包括 1 号楼(33 层)、2 号楼(34 层)、3 号楼(34 层)、4 号楼(34 层)、5 号办公楼(16 层)、幼儿园(3 层)、两层地下室。总建筑面积为 13.38 万 m^2，标准层采用 PC 结构。结构类型为剪力墙结构，标准层及以上至顶层外墙、阳台板、空调板、外凸窗、楼梯为 PC 装配式混凝土结构，其中部分外墙竖向板采用高强灌浆施工技术。

2. 编制依据

PC 结构施工图纸以及 PC 结构招标文件如下。

1)《建筑结构可靠性设计统一标准》(GB 50068—2018)。

2)《建筑结构荷载规范》(GB 50009—2012)。

3)《建筑抗震设计规范》(GB 50011—2010)。

4)《高层建筑混凝土结构技术规程》(JGJ 3—2010)。

5)《装配整体式混凝土结构预制构件制作与及质量检验规程》(DGJ 08-2069—2016)。

3. 工程特点

(1)主要特点

本工程为预制装配式混凝土结构，其主要特点如下。

1）现场结构施工采用预制装配式方法，涉及外墙墙板、空调板、阳台、设备平台、凸窗以及楼梯成品构件。

2）所有预制构件全部在工厂流水加工制作，制作产品直接用于现场装配。

3）在设计过程中，运用 BIM 技术模拟构件拼装，减少安装冲突。部分外墙 PC 结构采用套筒植筋、高强灌浆施工的新技术施工工艺，将 PC 结构与 PC 结构进行有效连接，增加了 PC 结构施工使用率，降低了 PCF 施工率，提高了施工效率。

4）楼梯、阳台、连廊栏杆均在 PC 构件设计时考虑预埋位置，设置预埋件，后续直接安装。

5）按照 PC 结构施工特点，采用悬挑外墙脚手架。

（2）防水特点

本次施工的装配式外墙板防水方法如下。

1）连接止水条：预制外墙板连接时，预先在板墙侧边粘贴防水止水条。

2）空腔构造防水：预制外墙板之间在预制板侧边和上下设置沟（槽）排水。

3）外墙密封防水胶：预制外墙板外侧采用耐候胶封闭。

（3）工程施工技术要点

本工程主要施工特点如下。

1）预制构件工厂制作。

2）现场装配构件吊装。

3）临时固定连接。

4）配套机械选用。

5）预制结构和现浇结构连接。

6）节点防水措施。

7）橡皮条与灌浆施工，专业多工种施工劳动力组织。

（4）工程新技术特点

PC 项目新技术点如下。

1）产业化程度高，资源节约，绿色、环保。

2）构件工厂预制和制作精度控制。

3）构件深化加工设计图与现场可操作性的相符性。

4）施工垂直吊运机械选用与构件的尺寸组合。

5）装配构件的临时固定连接方法。

6）校正方法及应用工具。

7）装配误差控制。

8）预制构件连接控制与节点防水措施。

9)施工工序控制与施工技术流程。

10)专业多工种施工,劳动力组织与熟练人员培训。

11)装配式结构非常规安全技术措施和产品保护以及高强灌浆新技术应用,为新技术推广做出了贡献。

4.1.2 施工部署

1. 施工准备

(1)技术准备

技术准备是施工准备的核心。任何技术的差错或隐患都可能引起人身安全和质量事故,造成生命、财产和经济的巨大损失,因此,必须认真地做好如下技术准备工作。

1)熟悉、审查施工图纸和有关设计资料。

2)调查分析原始资料。

3)编制施工组织设计。

在施工开始前,由项目工程师召集各相关岗位人员汇总、讨论图纸问题。设计交底时,切实解决疑难,有效落实现场碰到的图纸施工矛盾,切实加强与建设单位、设计单位、预制构件加工制作单位、施工单位以及相关单位的联系,及时加强沟通与信息联系。要向工人和其他施工人员做好技术交底,按照三级技术交底程序要求,逐级进行技术交底。特别是对不同技术工种的针对性交底。每次设计交底后要落实。

(2)物资准备

施工前要将 PC 结构施工物资准备好,以免在施工过程中因为物资问题而影响施工进度和质量。物资准备工作程序是做好物资准备的重要手段。通常按如下程序进行。

1)根据施工预算、分部(项)工程施工方法和施工进度的安排,拟定材料、统配材料、地方材料、构(配)件及制品、施工机具和工艺设备等物资的需要量计划。

2)根据各种物资需要量计划,组织货源,确定加工、供应地点和供应方式,签订物资供应合同。

3)根据各种物资需要量计划和合同,拟订运输计划和运输方案。

4)按照施工总平面图要求,组织物资按计划时间进场,在指定地点按规定方式进行储存或堆放。

(3)劳动组织准备

开工前应组织好劳动力准备,建立拟建工程项目领导机构,建立精干有经验的施工队组、集结施工力量、组织劳动力进场,向施工队组、工人做好施工技术交底,同时建立健全各项管理制度。管理人员组成如表4.1所示。

表 4.1 管理人员组成

序号	人员	担任职务	备注
1	×××	项目经理	一级建造师
2	×××	总工程师	一级建造师
3	×××	生产经理	中级职称
4	×××	项目资料员	带证
5	×××	项目预算员	带证
6	×××	项目施工员	中级职称
7	×××	项目安全员	C 证
8	×××	项目质检员	带证
9	×××	项目 PC 技术员	中级职称
10	×××	施工班组组长	合作劳务班组

根据 PC 图纸设计要求及经验，结合本项目 PC 结构体复杂、质量大和施工复杂的情况，成立 PC 结构施工小组，配备有 PC 结构施工经验的班组进行施工。PC 结构管理小组暂由 30 人组成，其中每 1 栋房配备 1 个 PC 结构施工班组和 1 个灌浆施工班组，每个 PC 结构施工班组计划配备 10 人，每个灌浆施工班组计划配备 2 人。

(4)场内外准备

1)场内准备。施工现场做好"三通一平"准备，搭建好现场临时设施和 PC 结构堆场准备；为了配合 PC 结构施工和 PC 结构单块构件最大质量的施工需求，确保满足每栋房子 PC 结构的吊装距离以及施工进度、现场场布的要求，项目配备 5 台 QTZ6012 型塔式起重机，合理布置在建筑物附近，确保平均每 5~6 天吊装一层。由于一期 6 栋房子同时施工，现场塔式起重机的平面布置交叉重叠，塔式起重机布置密集，塔身与塔臂旋转半径彼此影响极大。为防止塔式起重机交叉碰撞，在满足施工进度的前提下，塔式起重机平面布置允许重叠，将道路与吊装区域用拼装式成品围挡划分开，同时编制群塔防碰撞专项方案(图 4.1)。

图 4.1 堆场和道路布置图

本工程PC结构具有体积大、板块多的施工特点，同时各栋为高层建筑，给PC结构卸车堆放带来一定的困难。若在PC结构卸车时使用汽车式起重机卸载施工，可以大大增加整个项目的施工进度，避免出现PC卡车长时间堵塞的情况。使用汽车式起重机施工可减轻塔式起重机运能，较不使用汽车式起重机卸车施工效率更高。根据以往万科在其他PC结构项目的施工经验和项目部建议，使用汽车式起重机卸载PC结构施工，以提高施工效率。

2）场外准备。场外做好与PC结构相关构件厂家的沟通，准确了解各个PC结构厂家地址，准确测算PC结构厂家距离本项目的实地距离，以便更准确地联系PC结构厂家发送PC结构的时间，有助于整体施工安排；实地确定各个厂家生产PC结构的类型，实地考察PC结构厂家生产能力，根据不同生产厂家实际情况，做出合理的整体施工计划、PC结构进场计划等；考察各个厂家后，再请PC结构厂家到施工现场实地了解情况，了解PC结构运输线路及现场道路宽度、厚度和转角等情况；具体施工前，派遣质量人员到PC结构厂家进行质量验收，将不合格PC构件排出现场施工、有问题PC构件进行工厂整改、有缺陷PC构件进行工厂修补（图4.2）。

图4.2 PC工厂实地验收

2. 工程目标

1）安全施工目标：重大伤亡事故为零，无重大治安、刑事案件和火灾事故。

2）文明施工目标：本项目取得绿色建筑银奖（取牌），获得"×××市安全文明施工工地"称号，达到×××市优质工程标准，争创×××市优质工程。

3）质量目标：工程一次合格率100%。在开始吊装施工前，本方案要领已经贯彻到各个生产部门操作员，确保工程质量一次验收合格。

4）进度目标：进度目标在保障施工总进度计划实现的前提下，施工过程中投入相应数量的劳动力、机械设备、管理人员，并根据施工方案合理、有序地对人力、机械、物资进行有效调配，保证计划中各施工节点如期完成。

4.1.3 PC装配式混凝土结构施工

1. PC结构工厂施工

（1）构件单位选择以及生产范围

PC预制装配式构件实行工厂化生产，由专业预制构件生产单位进行；装配式预制构件在工厂加工后运送到工地现场，由总包单位负责卸车并吊装安装。

按构件形式和数量，划分为外墙装配式预制外墙板、预制楼梯、阳台板、凸窗板和设备平台等PC构件。

（2）设备设施

1）混凝土搅拌：采用强制式搅拌机。

2）混凝土振捣：采用高频插入式振动器。

3）模具：采用成型钢模。

4）蒸养：采用4t锅炉及相应管道等设施和设备。

5）混凝土运输：采用6m³搅拌车。

6）吊车：采用12t以上汽车式起重机。

（3）工厂生产施工

1）钢筋工程（图4.3）。半成品钢筋切断、对焊、成型均在原钢筋车间进行，钢筋在车间按配筋单加工，应严格控制尺寸，个别超差不应大于允许偏差的1.5倍。钢筋对焊应严格按《钢筋焊接及验收规程》（JGJ 18—2012）操作，对焊前应做好班前试验，并以同规格钢筋一周内累计接头300只为一批进行三拉三弯的实物抽样检验。由于墙板、叠合板属板类构件，钢筋主筋保护层相对较小，钢筋骨架尺寸必须准确，故要求采用专门的成型架成型。

图4.3 钢筋加工制作

2) 模具设计和制作 (图4.4)。叠合板室内一侧 (板底)、楼梯属清水构件，对外观和外形尺寸精度要求都很高，外表应光洁平整，不得有疏松、蜂窝等，因此对模具设计提出了很高的要求。模板既要有一定的刚度和强度，又要有较强的整体稳定性，同时模板面要有较高的平整度。经过认真分析研究，结合叠合板的实际情况，墙、板模板主要采用平躺结构，由底模、外侧模和内侧组成。此方案能够使墙、板正面和侧面全部和模板密贴成型，使墙、板外露面能够做到平整光滑，对墙、板外观质量起到一定的保证作用。墙、板翻身主要利用吊环转90°即可正位。模板必须清理干净，不留水泥浆和混凝土薄片。模板隔离剂不得有漏涂或流淌现象。如有流淌造成场地积油，必须及时抹干，防止钢筋粘油和混凝土成型后墙板表面色差严重。模板安装、固定要求平直、紧密、不倾斜，且尺寸要求准确。

3) 窗框安装 (图4.5)。在模板体系上安装一个和窗框内径一样大的限位框，窗框安装时可直接固定在限位框上，限位框与窗框间加柔性橡胶垫层，防止窗框固定时被划伤或撞击。窗框上下方均采用可拆卸框式模板，分别与限位框和整体模板固定连接。窗框与模板接触面采用双面胶布密封保护。门窗框应安装牢固，预埋件和连接件应是不锈钢件或经防锈处理的金属件，按规定规格、数量和位置准确埋入预制外墙构件混凝土中。预埋件间距小于350mm，连接件厚度大于2.5mm，宽度大于20mm，节点连接小于500mm，门窗装入洞口应横平竖直。

图4.4 模具成型

图4.5 窗框安装

4) 混凝土浇捣及养护 (图4.6和图4.7)。浇捣前，应对模板和支架、已绑好的钢筋和埋件进行检查。先由生产车间 (班组) 进行自检，并填写隐蔽工程验收单，再送交技术质安部门进行隐蔽工程验收，逐项检查合格后，方可浇捣混凝土。采用插入式振动器振捣混凝土时，其插入距离以30cm为宜。混凝土应振到停止下沉，无显著气泡上升，表面平坦一致，呈现薄层水泥浆为止。浇筑混凝土时，应经常注意观察模板、支架、钢筋骨架、窗框、保温层、预埋件等的情况。如发现异常，应立即停止浇筑，并采取措施，解决后方可继续进行。

图 4.6 混凝土浇筑

图 4.7 养护

构件须采用低温蒸汽养护，蒸养可在原生产模位上进行。采用表面遮盖油布做蒸养罩，内通蒸汽的简易方法进行。遮盖油布时，墙、板表面应设专用油布支架，使油布与混凝土表面隔开 300mm，形成蒸汽循环的空间。两块油布搭接应密实不漏气，搭接尺寸不宜小于500mm，四周应拖放到地面，并以重物压住，以形成较密封的蒸养罩。蒸养分静停、升温、恒温和降温 4 个阶段。静停一般可从梁体混凝土全部浇捣完毕开始计算，升温速度不得大于15℃/h；恒温时段温度为（55±2）℃；降温速度不宜大于 10℃/h，蒸养制度为静停 $\xrightarrow{2h}$ 升温 $\xrightarrow{2h}$ 恒温 $\xrightarrow{7h}$ 降温 $\xrightarrow{3h}$ 结束。

当蒸养环境气温小于 15℃ 时，需适当增加升温时间，但是蒸养制度必须通过实验室进行调整。蒸养构件温度与周围环境温度差不大于 20℃ 时，才可以揭开蒸养油布。

5）模具拆除。当混凝土强度大于设计强度的 70%时，方可拆除模板、移动构件。使用两侧压力式温度表，应注意不得弯折毛细管，装拆过程必须使毛细管弯曲半径大于 50mm。由于墙、板为水平浇筑，需翻身竖立。可先将墙、板从模位上水平吊至翻转区，再在翻转区采用特殊工艺翻转竖立。墙、板脱模后应对现浇混凝土连接的部位进行凿毛处理(图 4.8)。

图 4.8 凿毛处理

🔧 2. PC 结构运输、堆场及成品保护

（1）运输

1）PC 结构应考虑垂直运输，既可以避免不必要的损坏，又避免了后期的施工难度。装车前先安装吊装架，将 PC 结构放置在吊装架子上，然后将 PC 结构和架子采用软隔离固定在一起，保证 PC 结构在运输过程中不出现不必要的损坏。

为确保 PC 结构进入施工现场以及能够在施工现场运输畅通，进入现场的主大门道路至少宽8m，施工现场道路宽5m，以保证PC结构运输车辆能够在主大门道路双向通行，在施工现场转弯、直走等畅通(图4.9)。

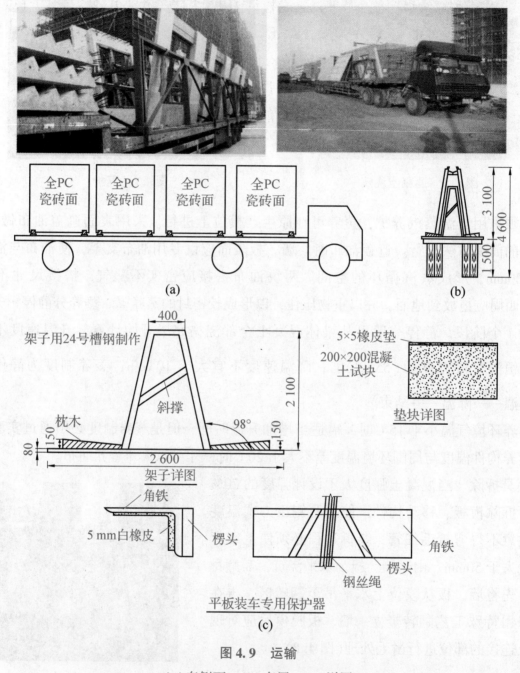

图 4.9 运输

(a)车侧面；(b)车尾；(c)详图

2)PC阳台、PC空调板、PC楼梯、设备平台采用平放运输，放置时构件底部设置通长木条，并用紧绳与运输车固定。阳台、空调板可叠放运输，叠放块数不得超过6块，叠放高度不得超过限高要求；阳台板、楼梯板不得超过3块。

3)运输预制构件时，车启动应慢，车速应均匀，转弯变道时要减速，以防墙板倾覆。

4)部分运输线路覆盖地下车库，运输车通过地下车库顶板的，在底部用16号工字钢对梁底部做支撑加固，确保地下车库静荷载重量满足PC运输重量。

（2）堆场

本工程具有PC结构单层量多、质量大的特点，图纸显示每栋号房PC结构最长4m左右，质量4t左右。根据上述施工要求，且为了便于PC结构吊装施工，PC结构管理小组计划每栋号房设置2个PC堆场，堆场平面尺寸为10m×20m。大部分堆场为地下室顶板（利用消防车道，且底部有加固措施），地下室其余周边施工道路采用200mm厚C20混凝土浇筑而成，其中非地库上主干道与PC堆场均须铺设ϕ18@150单层双向钢筋。由于号房与地库紧邻，号房与地库外整个场地能提供的施工作业区域非常狭小。号房主体阶段施工混凝土泵车、钢筋运输车及PC堆场都必须借助地库顶板作为施工道路及材料堆场。根据要求结合实际情况，对车行道路及PC堆场涉及范围内的地库顶板进行加固，特别是使用钢管加密加固车行驶路线，待结构封顶后拆除所有排架钢管。

预制结构运至施工现场后，由塔式起重机或汽车式起重机按施工吊装顺序有序吊至专用堆放场地内。预制结构堆放必须在构件上加设枕木，场地上的构件应作防倾覆措施。

墙板采用竖放，用槽钢制作满足刚度要求的支架，墙板搁支点应设在墙板底部两端处，堆放场地须平整、结实。搁支点可采用柔性材料，堆放好以后要采取临时固定措施，场地做好临时围挡措施。因人为碰撞或塔式起重机机械碰撞倾倒，堆场内PC易形成多米诺骨牌式倒塌。本堆场按吊装顺序交错有序堆放，板与板之间留出一定间隔，如图4.10所示。

图4.10 堆场

（3）成品保护

本项目PC结构在运输、堆放和吊装过程中必须注意成品保护（图4.11）。运输过程中，采用钢架辅助运输。运输墙板时，车启动慢，车速应均匀，转弯变道时要减速，以防墙板倾覆。由于本项目PC板已铺贴成品外墙面砖，堆场、运输成品保护难度较大，在PC结构与钢架结合处采用棉纱或橡胶块等,以避免在运输过程中PC结构与钢架因碰撞而破损。堆放过程中采用钢扁担使PC结构在吊装过程中保持平衡、平稳和轻放。轻放前也要在PC结构堆放位置放置棉纱或橡胶块、枕木等,将PC结构下部保持为柔性结构;楼梯、阳台等PC结构必须单块堆放,叠放时用4块尺寸统一的木块衬垫。木块高度必须大于叠合板外露马凳筋和棱角等高度,以避免PC结构受损。同时,在衬垫上适度放置棉纱或橡胶块,以保持PC结构下部为柔性结构。吊装施工过程中,更要注意成品保护方法。在保证安全的前提下,要使PC结构轻吊轻放,同时安装前先将塑料垫片放在PC结构微调的位置。塑料垫片为柔性结构,可以有效避免PC结构受损。施工过程中楼梯、阳台等PC结构需用木板覆盖保护。浇筑前,套筒连接锚固钢筋采用PVC管成品保护,以防在混凝土浇捣过程中污染连接筋,影响后期PC吊装施工。

图 4.11 成品保护

3. PC结构现场施工

(1)施工流程及分解图

1)施工流程。

PC施工:引测控制轴线→楼面弹线→水平标高测量→预制墙板逐块安装(控制标高垫块放置→起吊、就位→临时固定→脱钩、校正→粘自黏性胶皮→安装连接板→锚固螺栓安装、梳理)→现浇剪力墙钢筋绑扎(机电暗管预埋)→剪力墙模板→支撑排架搭设→叠合阳台板、空调板安装→现浇楼板钢筋绑扎(机电暗管预埋)→混凝土浇捣→养护→预制楼梯→拆除脚手架排架结构→灌浆施工(按上述工序继续对下层结构进行施工)。

灌浆施工:灌浆钢筋(下端)与现浇钢筋连接→安放套板(只有现浇结构与PC结构相连接的部位才有本程序施工)→调整钢筋→现浇混凝土施工→PC结构施工→本层主体结构施工完毕→高强灌浆施工。

2) 施工流程分解如图 4.12 所示。

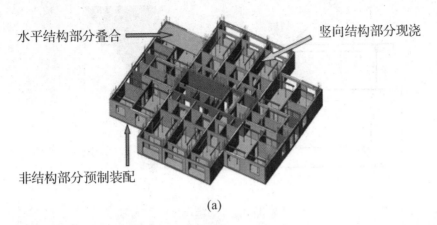

水平结构部分叠合

竖向结构部分现浇

非结构部分预制装配

(a)

(b)   (c)   (d)

(e)   (f)   (g)

(h)   (i)   (j)

图 4.12 施工流程

(a) 根据水平构件和竖向构件编号对号入座；(b) 安装外墙板 (预制保温墙体)；

(c) 安装墙板连接件、处理板缝；(d) 安装叠合梁；(e) 安装内墙板；

(f) 柱、剪力墙钢筋绑扎；(g) 安装电梯井道内模板；(h) 安装剪力墙、柱模板；

(i) 拆除墙柱模板，搭设楼板支撑，安装叠合式楼板；(j) 吊装楼梯梯段

(2) 起吊设施施工

1) 起吊。本工程设计单件板块最大质量 4t 左右，采用 QTZ6012 型塔式起重机吊装，为防止单点起吊引起构件变形，采用钢扁担起吊就位。构件起吊点应合理设置，保证构件能水平起吊，避免碰撞构件边角。构件起吊平稳后再匀速移动吊臂，靠近建筑物后由人工对中就位 (图 4.13)。

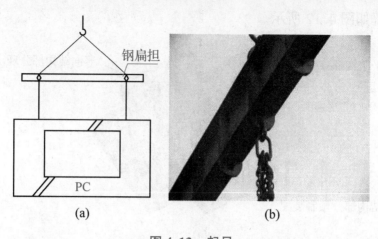

图 4.13 起吊

(a)吊装示意图；(b)钢扁担

2)预埋吊点。本工程 PC 预制外墙板吊点分为两种形式，其中预制墙板模采用预埋吊钩（图 4.14）。

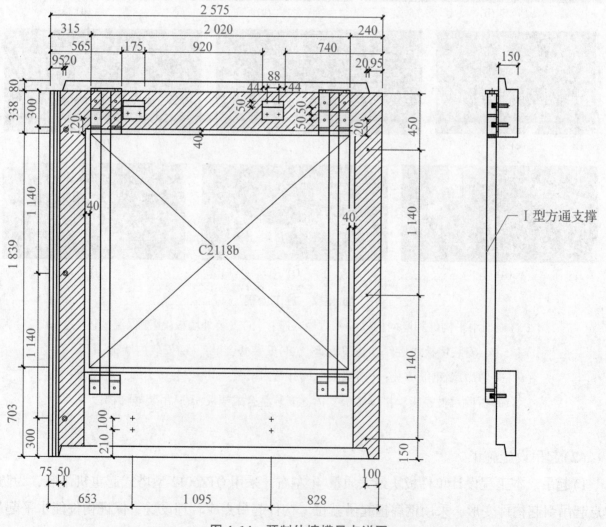

图 4.14 预制外墙模吊点详图

另一种吊点形式是在 PC 结构上边沿预埋螺栓套筒，将带有吊环的高强螺栓拧进螺栓套筒，用钢扁担将 PC 结构吊装到施工位置(图 4.15)。

图 4.15 PC 结构吊装

3)构件加固。本次 PC 项目采用的 PCF 板、凸窗板等构件具有面积大、厚度小的特点，若直接吊装，会使构件产生较大变形甚至断裂，因此对构件采取加固措施是必要的。

①叠合筋加固：对于 PC 板和阳台板，采用三角叠合筋加固形式，叠合筋与板内主筋焊接形成一体(图 4.16)。

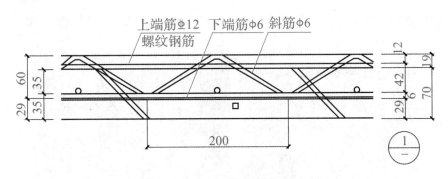

图 4.16 $H=60$ 叠合筋加固大样

②型钢加固：对于部分构件形式复杂或无法设置叠合筋的，则采用加设型钢的形式。此型钢在构件厂可配备 1~2 套，供起吊翻转时加固使用。

(3)PC 结构安装与调整施工

1)外墙板施工。外墙装配构件施工工况如下。

①工况一：装配式构件进场质量检查、编号，按吊装流程清点数量(图 4.17)。

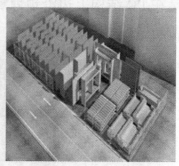

图 4.17 构件进场检查并编号

②工况二：清理各逐块吊装装配构件搁（放）置点，按标高控制线调整螺钉、粘贴止水条（图 4.18）。

图 4.18 标高控制与粘贴防水条

③工况三：按编号和吊装流程对照轴线、墙板控制线逐块就位，设置墙板与楼板限位装置，做好板墙内侧加固（图 4.19）。层与层之间、板与板之间均需要加强连接。

图 4.19 墙板与楼板的限位装置安装

④工况四：设置构件支撑及临时固定，施工过程板-板连接件紧固方式应按图纸要求安装（图 4.20）。调节墙板垂直尺寸时，板内斜撑杆以一根调整垂直度，待矫正完毕后再紧固另一根。禁止在两根均紧固的状态下进行调整。改变以往在 PC 结构下采用螺栓微调标高的方法，现场采用 1mm、3mm、5mm、10mm、20mm 等型号的钢垫片。

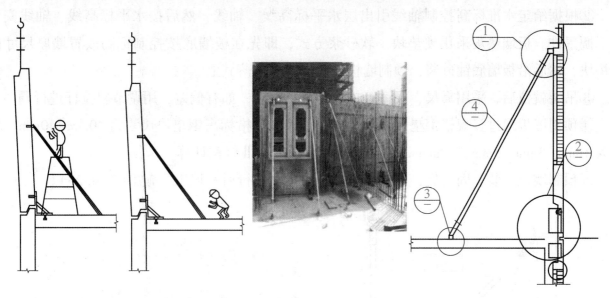

图 4.20 设置构件支撑及临时固定

⑤工况五：塔式起重机吊点脱钩，进行下一墙板安装，并循环(图 4.21)。

图 4.21 构件吊装

⑥工况六：楼层浇捣混凝土完成，混凝土强度达到设计、规范要求后，拆除构件支撑及临时固定点。

2)预制墙板施工：

①预制墙板的临时支撑系统由长、短斜向可调节螺杆组成(图 4.22)。

图 4.22 预制墙板支撑

②根据给定水准标高控制轴线引出层水平标高线、轴线，然后按水平标高线、轴线安装板下搁置件。板墙垫灰采用硬垫块、软砂浆方式，即先在板墙底按控制标高放置墙厚尺寸的硬垫块，然后沿板墙底铺砂浆，预制墙板一次吊装，坐落其上。

③吊装就位后，采用靠尺、铅锤等检验挂板垂直度，如有偏差，用调节斜拉杆进行调整。

④预制墙板通过多规格钢垫片进行调控施工，多规格标高钢垫块尺寸为 40mm×40mm，厚度为 1mm、3mm、5mm、10mm、20mm，其承重强度按 Ⅱ 级钢计算。

⑤预制墙板安装、固定后，再按结构层施工工序进行后一道工序施工（图 4.23）。

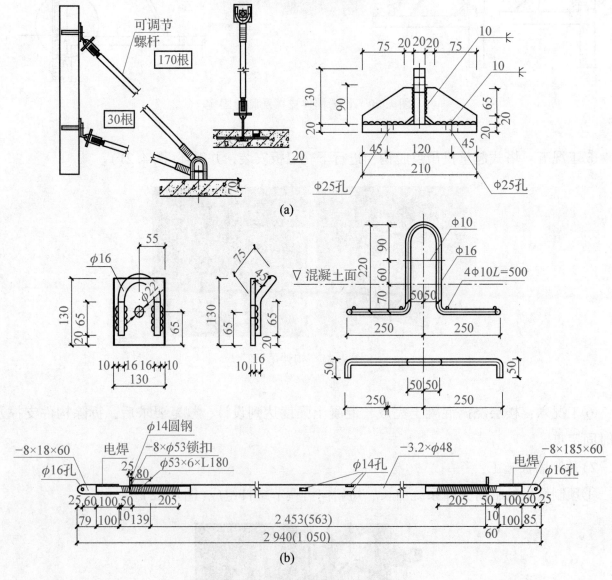

图 4.23 预制墙板支撑详图

（a）正面图；（b）斜撑

3）预制阳台板施工。

①阳台板施工工况：

a. 工况一：阳台板进场、编号，按吊装流程清点数量。

b. 工况二：搭设临时固定与搁置排架（图4.24）。

图4.24 阳台的临时固定排架

c. 工况三：控制标高与阳台板板身线（图4.25）。

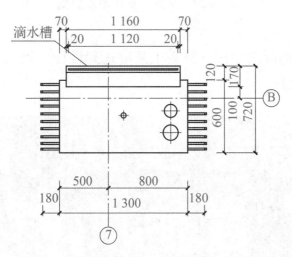

图4.25 阳台标高控制

d. 工况四：按编号和吊装流程逐块安装就位（图4.26）。

图4.26 预制构件逐块安装就位

e. 工况五：塔式起重机吊点脱钩，进行下一阳台板安装，并循环(图4.27)。

图4.27 塔式起重机吊点脱钩

f. 工况六：楼层浇捣混凝土完成，混凝土强度达到设计、规范要求后，拆除构件临时固定点与搁置的排架(图4.28)。

图4.28 拆除临时固定点

②叠合阳台板施工方法：

a. 施工前，按照设计施工图，由木工翻样绘制出叠合阳台板加工图。工厂化生产按该图深化后，投入批量生产。运送至施工现场后，由塔式起重机吊运到楼层上铺放。

b. 阳台板吊放前，先搭设叠合阳台板排架，排架面铺放2m×4m木板，水平铺设。

c. 阳台板钢筋插入主体180mm，按设计要求，伸入的钢筋有部分须焊接。

d. 阳台板安装、固定后，再按结构层施工工序进行后一道工序施工。

4)预制楼梯施工：

①工况一：楼梯进场、编号，按各单元和楼层清点数量(图4.29)。

图4.29 构件进场编号

②工况二：本项目楼梯采用先吊装方法，当层PC外墙板等吊装完成后，开始进行楼梯平台排架搭设、模板安装。先开始第一块PC楼梯吊装，楼面模板排架完成后，再开始第二块PC楼梯吊装。上层PC楼梯预留出楼梯锚固筋位置，待楼梯平台模板(上层)安装完成后吊装。

楼梯安装顺序：剪力墙、休息平台浇筑→楼梯吊装→锚固灌浆(图4.30)。

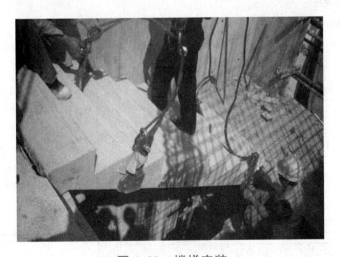

图4.30 楼梯安装

③工况三：施工过程中，一定要从楼梯井一侧慢慢倾斜吊装施工，楼梯上、下端搁置锚固，伸出钢筋锚固于现浇楼板内。标高控制与楼梯位置微调完成后，预留施工空隙采用商品水泥砂浆填实。

④工况四：按编号和吊装流程，逐块安装就位(图 4.31)。

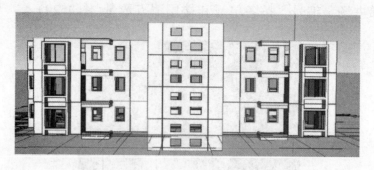

图 4.31　构件逐块安装就位

⑤工况五：塔式起重机吊点脱钩，循环施工(图 4.32)。

图 4.32　塔式起重机重复吊装

(4)防水构造与保温

1)PC 板竖向拼缝防水和保温节点构造如图 4.33 所示。

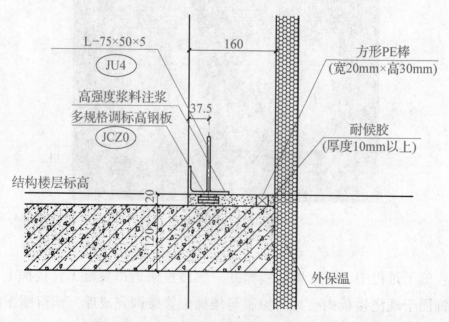

图 4.33　PC 板竖向拼缝防水和保温节点构造

2)凸窗(PCF)板竖向拼缝防水和保温节点构造如图 4.34 所示。

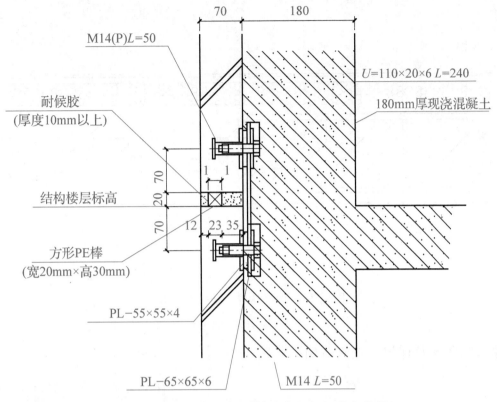

图 4.34 PCF 板竖向拼缝防水和保温节点构造

3)现浇构件与 PC 平窗连接如图 4.35 所示。

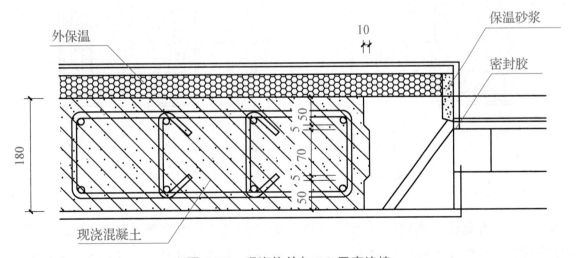

图 4.35 现浇构件与 PC 平窗连接

4）现浇构件与 PC 墙连接如图 4.36 所示。

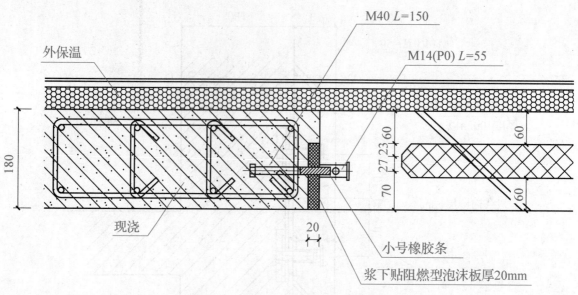

图 4.36 现浇构件与 PC 墙连接

5）凸窗边的防水及保温节点构造如图 4.37 所示。

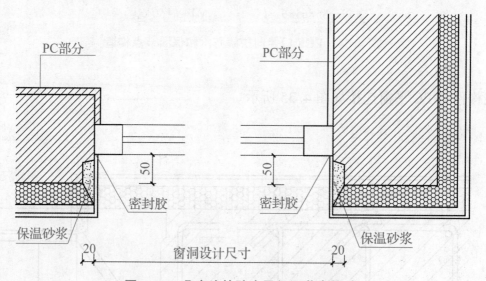

图 4.37 凸窗边的防水及保温节点构造

由于 PCF 板内侧还需浇捣混凝土，在 PCF 板内放置 PE 填充条并粘贴橡胶皮，以防混凝土浇捣时漏浆。在主体结构施工完毕后进行密封胶施工。具体施工顺序为：PCF 板吊装前，先在下一层板顶部粘贴 20mm×30mm PE 条，然后在垂直竖缝处填充直径 20mm PE 条，最后在 PCF 结构间粘贴橡胶皮，施工完成后再次进行密封胶施工（图 4.38）。

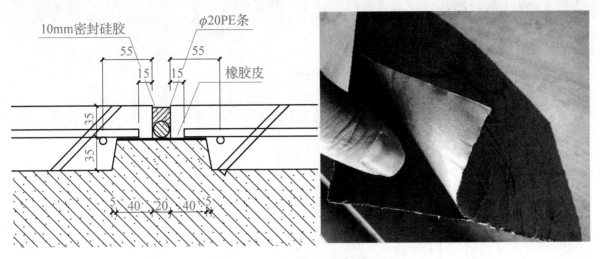

图 4.38　PCF 结构间密封处理

6）密封胶施工步骤：材料准备（纸箱批号确认→罐批号确认→涂布枪及金刮刀→平整刮刀）→除去异物→毛刷清理→干燥擦拭→溶剂擦拭→防护胶带粘贴→密封胶混合搅拌→向胶枪内填充→接缝填充及刮刀平整→防护胶带去除→使用工具清理。

7）淋水试验方法：

①按常规质量验收要求对外墙面、屋面、女儿墙进行淋水试验。

②喷嘴离接缝距离为 300mm。

③重点对准纵向、横向接缝和窗框进行淋水试验。

④从最低水平接缝开始，然后是竖向接缝，接着是上面的水平接缝。

⑤仔细检查预制构件内部，如发现漏点，要做记号，并找出原因，进行修补。

⑥喷水时间：每 1.5m 接缝喷 5min。

⑦喷嘴进口处水压：210~240kPa（预制面垂直，慢慢沿接缝移动喷嘴）。

⑧喷淋试验结束后，观察墙体内侧是否出现渗漏现象。如无渗漏现象出现，即可认为墙面防水施工验收合格。

⑨淋水过程中在墙内、外进行观察，做好记录。

（5）高强灌浆施工

根据图纸和设计要求，本工程 PC 结构外墙板内套筒、镀锌波纹管以及 PVC 管内采用高强灌浆料灌注，植 $\phi20$、$\phi16$ 钢筋，高强套筒、镀锌波纹管施工采用 PC 结构与现浇结构、PC 结构与 PC 结构连接新型施工技术（图 4.39）。

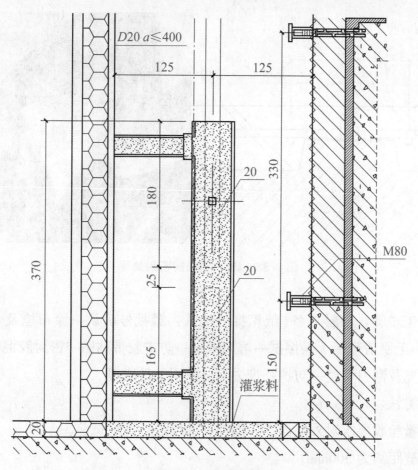

图 4.39 套筒灌浆

1)施工准备：

①手持式搅拌器一台，小型水泥灌浆机一台，量程为 100kg 的地秤一台，用于称料；量程为 10kg 的电子秤一台，用于量水，或能精确控制用水量、带刻度且容量合适的量筒(量杯)；温度计 3 支(测量现场气温、水温、料温)；30L 灌浆料搅拌桶一只(严禁用铝质桶)、小水桶若干，用于盛水及运送灌浆料；竹坯子若干，供疏导灌浆料用。

②橡胶塞若干，用于堵塞灌浆孔、溢浆孔；瓦刀等工具若干；准备检验强度用试模，可选用 4cm×4cm×16cm 试模。

上述施工准备材料和机械为 1 栋号房的施工材料和机械，根据调查和 PC 设计等需求，再结合本项目施工特点，计划配置 4 台灌浆机对本工程进行灌浆施工，能满足最高峰灌浆施工。

③连接要求：预制构件吊装前应清除套筒内及预留钢筋上的灰尘、泥浆及铁锈等，保持清洁干净。吊装前应将钢筋矫正就位，确保构件顺利拼装。钢筋在套筒内应居中布置，尽量避免钢筋碰触，紧靠套筒内壁。

2)灌浆施工：

①搅拌。高强灌浆料由灌浆料拌和水搅拌而成(图 4.40)。水必须称量后加入，精确至

0.1kg。拌和用水应采用饮用水，使用其他水源时，应符合《混凝土用水标准(附条文说明)》(JGJ 63—2006)的规定。灌浆料加水量一般控制在 13%~15%[质量比：灌浆料：水 = 1 : (0.13~1) : 0.15]。根据工程具体情况，可由厂家推荐加水量，原则为不泌水，流动度不小于 270mm(不振动自流情况下)。

图 4.40　灌浆施工

(a)高强灌浆料称量；(b)水量称量

高强无收缩灌浆料拌和采用手持式搅拌机搅拌，搅拌时间为 3~5min。搅拌完成的拌合物随停放时间增长，其流动性降低。自加水算起，应在 40min 内用完。灌浆料未用完应丢弃，不得二次搅拌使用，灌浆料中严禁加入任何外加剂或外掺剂。

②灌浆。将搅拌的灌浆料倒入螺杆式灌浆泵(图 4.41)，开动灌浆泵，控制灌浆料流速在 0.8~1.2L/min，待有灌浆料从压力软管中流出时，插入钢套管灌浆孔中(图 4.42)。应从一侧灌浆，灌浆时必须考虑排除空气。两侧以上同时灌浆会窝住空气，形成空气夹层。

图 4.41　灌浆泵　　　　　　　图 4.42　高强灌浆施工

从灌浆开始，可用竹坯子疏导拌合物。这样可以加快灌浆进度，促使拌合物流进模板内各个角落。灌浆过程中，不允许使用振动器振捣，以确保灌浆层匀质性。灌浆开始后，必须连续进行，不能间断，并尽可能缩短灌浆时间。在灌浆过程中，当发现已灌入拌合物有浮浆时，应当立即灌入较稠的拌合物，使其"吃掉"浮水。当有灌浆料从钢套管溢浆孔溢出时，用橡皮塞堵住溢浆孔，直至所有钢套管中灌满灌浆料，停止灌浆。

拆卸后的压浆阀等配件应及时清洗，其上不应留有灌浆料，灌浆工作不得污染构件，如已污染，应立即用清水冲洗干净。作业过程中及时对余浆及落地浆液进行清理，保持现场整洁。灌浆结束后，应及时清洗灌浆机、各种管道及工具。超高强无收缩钢筋连接灌浆料施工流程如图 4.43 所示。

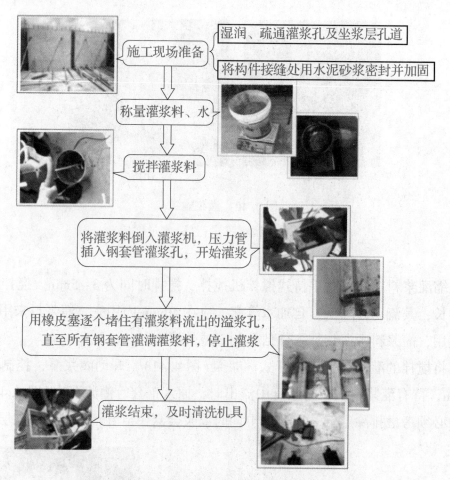

图 4.43　超高强无收缩钢筋连接灌浆料施工流程

（6）PC 结构相关的其他节点技术施工

1）每栋号房 PC 结构金属加工件种类、数量统计。根据 PC 结构施工图纸内容，PC 结构管理小组在 PC 结构施工前两个月就将 PC 结构金属加工件根据图纸要求按照种类、数量统计完毕，同时在 PC 结构正式施工前将 PC 结构金属加工件加工完成。本项目 PC 外墙采用内墙加固连接方式，五金损耗较大。

2）PC 结构与无外架方案节点技术施工与预留位置修补。本工程 3 层以上使用 PC 预制构件，并使用无外架防护结构。PC 工业化项目构件在工厂预制、现场安装，施工时在方便构件吊装的前提下，防护结构既要组装简便，又要满足安全防护要求。本项目结合具体情况采用组合防护结构。

3）外墙围护脚手架采用传统悬挑脚手架。

4. 标准层施工进度

标准层施工节点进度为 6 天一层。

1) 第一天施工现场如图 4.44 和图 4.45 所示。

图 4.44　结构弹线、混凝土养护、吊钢筋（上午）

图 4.45　吊外墙板、绑扎内墙钢筋（下午）

2) 第二天施工现场如图 4.46 所示。

图 4.46　外墙板继续吊装施工、绑扎内墙钢筋、安装墙柱模板、搭设钢管排架

3）第三天施工现场如图 4.47 所示。

图 4.47 安装墙柱模板、搭设排架

4）第四天施工现场如图 4.48~图 4.50 所示。

图 4.48 安装楼面、梁模板

图 4.49 安装阳台板

图 4.50 绑扎叠合板钢筋

5) 第五天施工现场如图 4.51 和图 4.52 所示。

图 4.51 模板安装完成，绑扎楼板钢筋

图 4.52 预埋水电管线

6) 第六天施工现场如图 4.53 所示。

现场装配式施工

图 4.53 现场浇筑混凝土

4.1.4 PC 装配式混凝土结构质量、安全文明施工

1. PC 结构质量施工

（1）测量工程

1）建筑物在施工期间或使用期间发生不均匀沉降或严重裂缝时，应及时会同设计单位、监理单位、质量监督部门等共同分析原因，商讨对策。

2）沉降观测资料应及时整理和妥善保存，包括沉降观测成果表、沉降测点平面位置布置图等。

3）质量监督部门在质量监督过程中，应把建筑物沉降观测检查作为质量监督的重要内容。重点检查基准点埋设、观测点设置、测量仪器设备及计量检定证书，测量人员上岗证、测量原始数据记录等，并将单位工程竣工沉降观测成果表归入监督档案资料中。

4）经纬仪工作状态应满足竖盘竖直，水平度盘水平；望远镜上下转动时，视准轴形成的视准面必须是一个竖直平面。水准仪工作状态应满足水准管轴平行于视准轴。

5）使用钢尺时，应进行钢尺鉴定误差、温度测定误差修正，并消除定线误差、钢尺倾斜误差、拉力不均匀误差、钢尺对准误差、读数误差等。

6）每层轴线间偏差为±2mm，层高垂直偏差为±2mm。所有测量计算值均应列表，并应有计算人、复核人签字。在仪器操作上，测站与后视方向应用控制网点，避免转站造成积累误差。定点测量应避免垂直角大于45°。对易产生位移的控制点，使用前应进行校核。在3个月内，必须对控制点进行校核，避免因季节变化而引起误差。在施工过程中，要加强对层高、轴线和净空平面尺寸的测量复核工作。

（2）预制构件

1）对于PC结构成品生产、构件制作、现场装配各流程和环节，施工管理应有健全的管理体系、管理制度。

2）PC结构施工前，应加强设计图、施工图和PC加工图结合，掌握有关技术要求及细部构造，编制PC结构专项施工方案，构件生产、现场吊装、成品验收等应制订专项技术措施。在每一个分项工程施工前，应向作业班组进行技术交底。

3）每块出厂的预制构件都应有产品合格证明，经构件厂、总包单位、监理单位三方共同认可后方可出厂。

4）专业多工种施工劳动力组织，选择和培训熟练的技术工人，按照各工种的特点和要求，有针对性地组织与落实。

5）施工前，按照技术交底内容和程序，逐级进行技术交底，对不同技术工种的针对性交底应达到施工操作要求。

6）装配过程中，必须确保各项施工方案和技术措施落实到位，各工序控制应符合规范和设计要求。

7）每一道步骤完成后都应按照检验表格进行抽查。每一层结构混凝土浇捣完毕后，需用经纬仪对外墙板进行检验，以免垂直度误差累积。

8）PC结构应有完整的质量控制资料及观感质量验收，对涉及结构安全的材料、构件制作进行见证取样、送样检测。

9）PC结构工程的产品应采取有效的保护措施，对于破损的外墙面砖，应用专用黏结剂进行修补。

（3）模板工程

1）模板制作质量直接影响混凝土的质量。本工程模板均采用九夹板，顶板采用七夹板，从而保证结构垂直度及几何尺寸。制作安装偏差控制参照标准执行。

2）模板在每一次使用前，均应全面检查模板表面粗糙度，不允许有残存的混凝土浆，否则必须进行认真清理，然后喷刷一层无色的薄膜剂或清机油。

3）模板安装必须正确控制轴线位置及截面尺寸，模板拼缝要紧密。当拼缝大于或等于 1mm 时，要用老粉批嵌或白铁皮封钉；跨度大于 4m 时，模板应起拱跨度的 1‰~3‰。

4）模板支承系统必须横平竖直，支撑点必须牢固，扣件及螺栓必须拧紧，模板严格按排列图安装。浇捣混凝土前，派专人对模板支撑、螺栓、柱箍、扣件等紧固件进行检查，发现问题及时整改。

5）孔洞、埋件等应正确留置，建议在翻样图上自行编号，防止错放、漏放。安装要牢固，经复核无误后方能封闭模板。

6）平台模板支撑必须严格按照设计图纸要求，做到上下、进出一致，木工施工员必须做到层层复核。

7）模板拆除应根据施工质量验收规范和设计规定的强度要求统一进行，未经有关技术部门同意，不得随意拆模。现场增加混凝土拆模试块，必要时进行试块试压，以保证质量和安全。

8）模板周转使用应经常整修、刷脱模剂，并保持表面平整和清洁。

（4）钢筋工程

1）钢筋按图翻样，要求准确。

2）进场钢筋必须持有成品质保书、出厂质量证明书、试验报告单。每批进入现场的钢筋，由材料员和钢筋翻样组织人员进行检查验收，认真做好清点、复核（即核定钢筋标牌、外形尺寸、规格、数量）工作，确保每次进入现场的钢筋到位准确，避免现场钢筋堆放混乱，保证现场文明标准化施工。

3）对进场各主要规格的受力钢筋，由取样员会同监理工程师根据实际使用情况，抽取钢筋焊接接头、原材料试件等，及时送实验室对试件进行力学性能试验，经试验合格后，方可投入使用。

4）钢筋搭接、锚固要求按照结构设计说明及相关设计图纸进行，并符合规范施工质量要求。

5）本工程钢筋要合理布置，用钢丝绑扎牢固，相邻梁的钢筋尽量拉通，以减少钢筋的绑扎接头。必要时，会同技术员先根据图纸绘出大样，再加工绑扎，梁箍筋接头交错布置在两根架立钢筋上，板、次梁、主梁上下钢筋排列要严格按图纸和规范要求布置。

6）每层结构柱头、墙板竖向钢筋在板面上要确保位置准确无偏差，该工作需协同复核；

如个别确有少量偏位或弯曲，应及时在本层楼顶板面上校正偏差位，确保钢筋垂直度。确保竖向钢筋不偏位的方法为：柱在每层板面竖向筋应绑扎不少于 3 只柱箍，最下一只柱箍必须与板面梁筋点焊固定；对于墙板插筋，应在板面上高 500mm 范围内，绑扎不少于 3 道水平筋，并扎好 S 钩撑铁。

7）主次梁钢筋交错施工时，一般情况下次梁钢筋均搁置于主梁钢筋上。为避免主次梁相互交接时，交接部位节点偏高，造成楼板偏厚，中间梁部分应将次梁主筋穿于主梁内筋内侧。上述钢筋施工时，总体确保钢筋相叠处不得超过设计高度。遇到复杂情况时，需会请甲方、设计、监理到场处理解决。

8）梁主筋与箍筋的接触点全部用钢丝扎牢，墙板、楼板双向受力钢筋相交点必须全部扎牢；上述非双向配置钢筋相交点，除靠近外围两行钢筋相交点全部扎牢外，中间可按梅花形交错绑扎牢固。

9）梁和柱的箍筋应与受力钢筋垂直设置；箍筋弯钩叠合处，应沿受力钢筋方向错开设置（梁箍弯钩设置在上铁位置，左右交错，柱箍转圈设置），箍筋弯钩必须为 135°且弯钩长度必须满足 10 天。

10）钢筋搭接处，应在中心和两端用钢丝扎牢；钢筋绑扎网必须顺直，严禁扭曲。

11）钢筋绑扎施工时，墙和梁可先在单边支模后，再按顺序扎筋；钢筋绑扎完成后，由班长填写自检、互检表格，请专职质量员验收；项目质量员及钢筋翻样严格按施工图和规范要求进行验收，验收合格后，再分区分批逐一请监理工程师验收；验收通过后方可封模（在封模前清除垃圾）。每层结构竖向、平面的钢筋、拉结筋、预埋件、预留洞、防雷接地全部通过监理工程师验收，由项目质量员填写隐蔽工程验收意见后提交监理工程师签证。浇捣混凝土时派专人看护，随时随地对钢筋进行纠偏，同时随时清除插筋上黏附的混凝土。

12）钢筋加工形状尺寸应符合设计要求，偏差率应符合有关规范要求。加工完成后的钢筋应进行验收，符合要求后方可用于工程，并填写"钢筋加工检验批质量验收记录表"。

13）钢筋施工前必须准确放出轴线和控制边线，柱、暗柱、墙板、梁弹线后方可进行钢筋施工，以确保钢筋保护层厚度，满足设计和施工验收规范的要求。对于钢筋保护层不足的位置，应安排专门人员进行校核。

14）泥垫块必须按照不同的厚度预先制作；垫放时，原则上为 1m 间距垫一块，若钢筋较细（如楼板、楼梯平台等），则加密设置；板双层钢筋上皮需加设马凳筋；梁扎好入模后，应先垫好下铁保护层和外侧保护层，再扎平台钢筋；墙板和柱筋及扶梯筋保护层要边扎边垫。保护层厚度需均匀、扎垫牢固。浇捣混凝土前，要检查一遍所有扎好的钢筋保护层是否都垫妥，避免发生露筋。

15）扎钢筋时先扎柱墙筋，再扎梁和平台钢筋，在绑扎时所有的箍筋均只能从柱顶上部逐一套入，套入时要注意箍筋开口倒角的位置，柱的箍筋弯钩应交错放置，并要有 135°倒角，绑扎在四周纵向立筋上，间距准确，成型钢筋要绑扎在主筋上。

16）用电渣压力焊施工时，钢筋端部应切平，并清除铁锈，对焊钢筋轴线垂直对接，特别是上下钢筋的边缝一定要对齐，接头处弯折不大于2°，接头处钢筋轴线偏移不大于2mm。焊接后，接头焊包均匀，不得有裂纹，钢筋表面无烧伤等明显缺陷，接头处钢筋位移超过规定的要重新焊接。同时，为了补偿焊接时的长度损失，翻样时钢筋长度宜放长5cm，电渣压力焊接要逐个进行外表检查，并按规定每层300个同类接头，取一组（3根）试样至上海市标准实验室试验。

17）螺纹连接必须按设计要求应用，除适用厂家的技术标准外，还应遵守《混凝土结构工程施工质量验收规范》（GB 50204—2015）的要求。施工中注意对直螺纹的保护，必须用塑料套包住螺纹丝牙，严禁机械等碰撞，连接要用专用工具，螺纹露出套筒丝牙数要满足要求，以保证连接可靠性。丝牙损坏不得强行连接，接头必须按比例送检。

18）上皮、底皮钢筋接头位置按照设计及有关规范要求执行。

19）墙体水平筋进柱时，锚固长度必须满足设计及有关规范要求。

（5）混凝土工程

1）施工前一周，由混凝土搅拌站将配合比送交总包方审核，并提请监理方审查，合格后方能组织生产。

2）为保证混凝土质量，主管混凝土浇捣的人员一定要明确每次浇捣混凝土的级配、方量，以便混凝土搅拌站能严格控制混凝土原材料的质量技术要求，并备足原材料。

3）严格把好原材料质量关，水泥、碎石、砂及外掺剂等均要达到国家规范规定的标准，及时与混凝土供应单位沟通信息。

4）对不同混凝土进行浇捣，先浇捣墙、柱混凝土，后浇捣梁、板混凝土，并保证在墙、柱混凝土初凝前完成梁、板混凝土的覆盖浇捣。混凝土配制采用缓凝技术，入模缓凝时间控制在6h。对高低等级混凝土，用同品种水泥、同品种外掺剂，以保证交接面质量。

5）及时了解天气动向，浇捣混凝土需连续施工时应尽量避免大雨天。施工现场应准备足够数量的防雨物资（如塑料薄膜、油布、雨衣等）。如果混凝土施工过程中下雨，应及时遮蔽，雨过后及时做好面层处理。

6）混凝土浇捣前，施工现场应先做好各项准备工作，机械设备、照明设备等应事先检查，保证其完好，符合要求；模板内的垃圾和杂物要清理干净，木模部位要隔夜浇水保湿；搭设硬管支架，着重做好加固工作；做好交通、环保等对外协调工作，确定行车路线；制订浇捣期间的后勤保障措施。

7）由项目经理牵头组成现场临时指挥小组，实行搅拌站、搅拌车与泵车相对固定，定点布料，现场设一名搅拌车指挥总调度。工程所在地位于市中心，由于道路状况的限制，车辆应设立蓄车点。为了加强现场与搅拌站之间的联系，搅拌站应派遣驻场代表，发现问题及时解决。

8)混凝土搅拌车进场后，应把好混凝土质量关。按规定检查坍落度、和易性是否符合要求，对于不合格者，严格予以退回。

9)各部位的钢筋、埋件插筋和预留洞必须由有关人员验收合格后，方可进行浇捣。

10)为确保施工顺利进行，避免出现意外情况，必须注意以下几点。

①确保工地用电用水。

②混凝土浇捣时严格控制现场搅拌车混凝土坍落度，不合格者应退回。到现场的搅拌车不得加水。

③现场大门口应有管理人员检查每辆搅拌车的进场收货单，以确认混凝土的级配和方量。

④现场大门口应有管理人员冲洗、清扫每辆搅拌车和路面，以防其拖泥带水影响市容。

11)台泵由专人在施工面上统一指挥，控制好泵车的速度，合理供料。每台泵配备4台振捣棒。

12)凝土养护工作：已浇捣的混凝土强度未达到1.2MPa前，在通道口设置警戒区，严禁在其表面踩踏或安装模板、钢筋和排架。对已浇捣完毕的混凝土，在12h以内(即混凝土终凝后)即派人浇水养护，浇水次数应能使混凝土处于润湿状态；当气温高于30℃时，适当增加浇水次数，当气温低于5℃时，不要浇水。

13)保证产品质量，在混凝土施工后应注意做好产品保护：

①混凝土施工完毕后，在混凝土墙板、柱或构件等部位搭设临时防护，确保混凝土墙板、柱构件等不被破坏。

②在混凝土墙板、柱或构件等部位表面严禁刻画或涂写，确保墙板柱或构件等表面清洁干净。

③必须在混凝土表面做标记时，应经过主管人员同意，并在指定部位进行。

2. PC结构施工质量标准

(1)验收程序与划分

PC项目质量验收按单位(子单位)工程、分部(子分部)工程、分项工程和验收批进行。

PC项目可分为四大部分：预制构件质量验收部分、PC结构吊装质量验收部分、现浇混凝土质量验收部分、PC产品竣工验收与备案部分。

(2)预制构件验收标准

预制构件验收分构件制作生产单位验收与现场施工单位(含监理单位)验收两个方面进行。

1)构件厂验收包含以下几个方面：模具、外墙面砖、制作材料(水泥、钢筋、砂、石、外加剂等)；成品后，预制构件验收包括外观质量、几何尺寸，要求逐块检查。

2)现场验收：对进场后的构件观感质量、几何尺寸、产品合格证和有关资料，以及构件图纸编号与实际构件的一致性进行检查。对预制构件在明显部位标明的生产日期、构件型号、生产单位和构件生产单位验收标志进行检查。对构件预埋件、插筋及预留洞规格、位置和数量符合设计图纸的标准进行检查。

3. PC结构安全与施工

（1）脚手架平面布置以及特殊临边防护外架

本次PC住宅楼采用落地外脚手架（1~11层）和悬挑脚手架（12~21层）特殊外架临边围挡作为吊装施工及外墙清理安全防护措施。本项目所有号房（地库）落地式脚手架是从底层至11层，特殊外架围护架是从12层至顶层。脚手基础在坚实地基上（回填土夯实）浇捣整条通长混凝土板带。搭设按结构层次施工，逐步由下向上进行，满足预制装配式墙板结构施工需要，施工完毕后，由人工和塔式起重机配合拆除。

本工程采用双排钢管外脚手架，采用 $\phi48 \times 3.0$ 钢管，搭设时严格按操作规程进行（图4.54）。脚手架采用扣件式钢管搭设，外侧立面采用密目网全封闭，每排脚手架的外侧下部设挡脚板，脚手板为竹笆脚手板。做好脚手架与建筑物拉结，脚手架外挂密目安全网，操作层满铺脚手板，并在外侧设置高度大于180mm的挡脚板。必须每层设置连墙件，在有窗口的位置，在楼层内预埋钢管与脚手架进行连接；在没有窗口的位置，在外墙板水平缝处预留 $\phi10$ 钢筋与脚手架钢管焊接进行连接；水平和垂直间距都不得大于3 600mm。

图4.54 脚手架

特殊外架的施工方法和施工工艺详见《脚手架施工方案》。

（2）安全通道及高压线防护架

适用范围：多功能组合钢构架可利用标准构件完成多种临时设施搭设，包括人行安全通道、车行安全通道、仓库及各种加工棚（图4.55和图4.56）。

图 4.55　现场安全通道

图 4.56　现场加工棚

（3）楼层楼梯扶手

1）适用范围：安装在不同长度、不同斜度的楼梯段临边作防护。

2）结构、型号：采用内插式钢管，弯头可调节，杆件可伸缩。

3）制作特点：钢材采用国家标准材料，制作严格按图施工。尺寸正确，连接方便、牢固，达到安全防护的目的。

4）产品特点：楼梯扶手栏杆采用工具式短钢管接头，立杆采用膨胀螺栓与结构固定，内插钢管栏杆，使用结束后可拆卸，周转重复使用。

5）安装要求：立杆安装要求位置正确、垂直，底座膨胀螺栓与结构固定平整、牢固，内插钢管栏杆连接，螺钉不遗漏。

6）颜色要求：扶手栏杆颜色采用黄、黑两色（油漆二度）（图 4.57）。

图 4.57　扶手栏杆警示颜色

（4）电梯井安全门

1）适用范围：门式电梯井安全门是建筑施工现场预防人身伤害必备的保护设施，它涉及高层建筑、多层建筑、综合性工业厂房等建筑施工工地（图 4.58）。

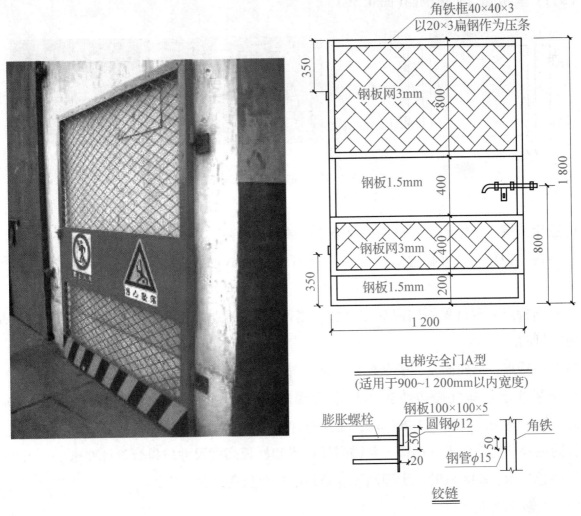

图 4.58　电梯井安全门

2)结构、型号：电梯井安全门全部由钢结构组成，适用于门洞宽度为 900~1 200mm 的电梯井。

3)制作特点：钢材采用国家标准材料，制作严格按图施工，尺寸正确，电焊接点牢固，达到安全防护的目的，喷漆均匀，安全门安装离地 200mm。

4)产品特点：门式电梯井安全门结构简洁，安装、使用方便，感观大方，质量安全可靠，符合安全生产保证体系要求。

5)安装要求：铰链固定要求横平竖直，标高准确；铰链固定用膨胀螺栓，要求拧紧；安全门安装离地 200mm。

6)颜色要求：电梯安全门采用黄色，门下部挡脚板采用黄、黑间隔，宽度为 150mm，60°斜向布置。

（5）PC 基坑临边防护围挡（图 4.59）

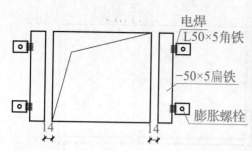

电焊
L50×5角铁
—50×5扁铁
膨胀螺栓

图 4.59 基坑和电梯井临边防护

1）适用范围：基坑周边区域围护及施工区域隔离分隔，并可用作电梯井防护门。

2）结构、型号：基坑临边防护栏由钢立管和插片式防护围栏组成，各构件由螺栓锚固组成。

3）制作特点：钢材采用国家标准材料，制作严格按图施工；尺寸正确，焊接牢固，达到安全防护目的。

4）产品特点：结构简单，安装使用方便，外观大方，质量安全可靠，可反复使用。

5）安装要求：基坑周边防护围栏立管底座应埋入混凝土翻梁内，梁截面为 150mm×150mm，护栏离地总高度为 1 200mm；用作电梯井防护门时，应采用拼装式网片，护栏通过锚固钢板同电梯井边墙面牢固连接，各锚固件位置和栏板高度尺寸应符合设计要求。

6）颜色要求：φ48 钢管、定型网片、角钢框均为黄色（油漆二度）。

（6）PC 安装与施工

PC 板吊装、卸车需垂直起吊，在卸车过程中各相关人员相互配合，完成该放置过程。严禁非吊装人员进入吊装区域，PC 板上挂钩后要检查挂钩是否锁紧，起吊要慢、稳，保证 PC 板在吊装过程中不左右摇晃。在楼层外架上，安装作业人员须佩戴安全带、安全帽等。

PC 吊装工人必须经过三级教育及安全生产知识考试合格，并接受安全技术交底。

吊装各项工作要固定人员，不准随便换人，以便工人熟练掌握技能。外架吊装作业时按要求佩戴安全带，确保施工安全。

PC 板吊装工人每次作业必须检查钢丝绳、吊钩、手拉葫芦、吊环螺钉等有关安全环节吊具，确保完好无损、无带病使用后方可作业。

PC 板离开地面后，所有工人必须全部撤离 PC 板运行轨道及其附近区域。

PC 板上预留的起吊点（螺栓孔）必须全部利用到位，螺栓必须拧紧，严禁吊装工人贪快而减少螺栓。

PC 板吊装工人必须与塔式起重机班组配合，禁止野蛮施工，遇有 6 级及以上大风时，PC 板吊装工人不得强求塔式起重机班组继续作业。

PC 板吊装时必须采用"四点吊"，且吊点位置必须按照图纸明确的预留吊点孔洞进行加固起吊，不得利用PC板上其他预留孔洞进行起吊。

PC板吊装时，4条吊装钢丝绳必须采用同规格、同长度（4m）进行吊装，否则吊装时受力不稳，易发生脱落现象。

🔧 4. 文明施工措施

（1）场容场貌管理

1）按照要求实行封闭施工，施工区域围栏围护，大门设置门禁系统，按日式化管理进行，人员打卡进入，着装标准化，闲杂人员一律不得入内。

2）施工现场的场容管理实施划区域分块包干，责任区域挂牌，生活区管理规定挂牌。

3）制订施工现场生活卫生管理、检查、评比考核制度。

4）工地主要出入口设置施工标牌，内容包括工程概况、管理人员名单、安全六大纪律牌、安全生产计数牌、十项安全技术措施、防火须知牌、××市民卫生须知、卫生责任包干图和施工总平面图。

5）现场布置安全生产标语和警示牌，做到无违章。

6）施工区、办公区、生活区挂标志牌，危险区设置安全警示标志，在主要施工道路口设置交通指示牌。

7）确保周围环境清洁卫生，做到无污水外溢，围栏外无渣土、无材料、无垃圾堆放。

8）环境整洁、水沟通畅，生活垃圾每天用编织袋袋装外运，生活区域定期喷洒药水，灭菌除害。

（2）临时道路管理

1）进出车辆门前派专人负责指挥。

2）现场施工道路畅通。

3）做好排水设施，场地及道路不积水。

4）开工前做好临时便道，临时施工便道路面高于自然地面，道路外侧设置排水沟。

（3）材料堆放管理

1）各种设备、材料尽量远离操作区域，不许堆放过高，以防材料倒塌伤人。

2）进场材料严格按场布图指定位置进行规范堆放。

3）现场材料员认真做好材料进场验收工作（包括数量、质量、质保书），并做好记录（包括车号、车次、运输单位等）。

4）水泥仓库有管理规定和制度，水泥堆放10包一垛，过目成数，挂牌管理。水泥凭限额领料单限额发放。仓库管理人员认真做好水泥收、发、存流水明细账。

5）材料按场布图严格堆放，杜绝乱堆、乱放、混放。特别要杜绝将材料堆靠在围墙、广告牌后，以防受力发生倒塌等意外事故。

（4）灭火器（图4.60）

图4.60　现场灭火器设置

1）适用范围：楼层内作业，二结构、装饰和安装作业等。

2）结构、型号：全部由钢管构件拼装组成，采用电焊（满焊）及铰链端连接。

3）制作特点：钢材采用国家标准材料，制作严格按图施工，尺寸正确，电焊接点牢固，达到安全防护目的。

4）产品特点：登高平台移动方便，支撑灵活安全、结构简单，安装使用方便、感观大方，结构安全可靠，符合安全生产保证体系要求。

5）安装要求：铰链端固定要求横平竖直，标高准确，支撑脚固定端用撑地螺栓，要求四面整平固定。

6）颜色要求：移动登高平台颜色为黄黑相间。

（5）人字梯（图4.61）

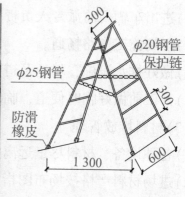

图4.61　人字梯

1）适用范围：楼层内PC吊装作业等。

2）结构、型号：全部由钢管焊接组成，连接端采用铰链固定，并设有防护链。

3）制作特点：钢材采用国家标准管材，制作严格按图施工，尺寸正确，电焊接点须满焊，达到安全防护目的。

4）产品特点：构件灵活安全；结构简单，使用方便，支撑安全可靠，符合安全生产保证体系要求；为登高作业人员提供牢固的安全架体。

5）安装要求：铰链固定端要求焊接牢固，各管件接口处焊接点必须满焊，保护链与架体连结点牢固稳妥，防滑橡胶设置到位。

6）颜色要求：人字梯颜色为黄、黑相间。

4.1.5　工程资料管理

1. 资料划分

（1）范围

PC 项目资料按照《建筑工程质量竣工资料实例》《建筑安装工程质量竣工资料实例》《装饰装修工程质量竣工资料实例》编制，范围为 A 册、B 册、C 册、D 册。

（2）划分

本工程资料涉及的具体划分为：A 册——施工组织设计、质量计划资料；B 册——施工技术管理资料；C 册——工程质量保证资料；D 册——工程质量验收资料。

2. 资料管理要求

（1）内容

本工程资料管理及资料编制执行"双轨制"，一套电子版、一套完整的文档版资料。在资料收集、编制和汇总过程中，应加强并注意各项资料的收集、汇总与管理。

（2）管理要求

1）工厂化生产资料。本工程外墙为预制装配式混凝土结构，大量构件和铝合金门窗框、外墙面砖在工厂化生产中进行，该部分资料在工厂化生产中汇总、收集与形成，进入现场后应及时提供产品合格证，检查验收后方可用于工程施工中。

2）现场施工资料：

①施工日记。施工日记是记录工程施工全过程的档案性文件，应按公司施工日记管理办法贯彻执行。

②技术复核单。技术复核单应一式三份，一份自留，一份交技术部门，一份交资料，由工地分项工程的施工技术员（钢筋翻样、木工翻样）在分项施工完成以后填写，填写时应详细写明复核的内容、部位、时间，由技术部门复核并签证。

③自检互检记录（包括结构质量评比记录）。各分项分部工程施工班组都必须进行自检工作，并填写自检质量评分单，由项目专职质量员进行测定。如不符合质量要求，应返工重新

施工，评定单一份自留，一份交技术员（质量员）保管，另一份交技术资料员存档，作为今后竣工验收资料之一。

④隐蔽工程记录。隐蔽工程验收单应由专人负责开具、验收、回收，填写应及时，部位应填写清楚详细，及时交四方和质量部门检查验收并签证，未经隐蔽验收，不允许进行下一道工序。

⑤原材料及半成品质保书和实验室的报告。工程各项原材料以及半成品都应具有质量保证书或合格证书，应进行材料试验，取得的质量数据符合要求后方可使用。各项试验报告应积累归入技术资料中。

⑥修改凭证。工程的修改图纸、修改通知单、材料代用设计签证单、三方会议纪要、技术交底、会议记录都必须对照施工并妥善保存，最后列入技术资料栏内。

⑦沉降、偏差与记录。建筑物本身以及相邻的建筑物（构筑物）沉降，定位轴线、桩位偏差（包括压桩分包单位和工地截桩后测量）以及上部各层柱、墙、板、电梯井道偏差与建筑物的全高偏差都必须做好测定记录，有的应办好技术复核单的签证手续，统一表格，及时归档。

⑧事故处理资料。事故（包括质量、安全、消防等）发生后，应遵照"四不放过"原则进行分析，由项目经理召集有关人员，必要时应请建设单位、协作单位、公司有关部门共同召开事故调查会，分析事故原因、吸取教训、采取处理办法以及措施的"四不放过"。根据事故的大小、损失程度，写出事故情况报告，列为技术资料归档。

⑨竣工图管理。竣工图作为该工程全面竣工后的规定资料，是今后的历史性文件，因此，必须全面、详细地做好资料图纸的整理、资料汇总。由专人负责完善竣工图，按公司有关规定编制竣工图。工地必须准备一套完整、清楚的图纸，包括该工程的资料（建设单位需要的竣工图由建方提供原套图纸，包括修改图、资料）编制、盖竣工图印章，并由工程负责人签字盖章。

4.2 实践操作：某剪力墙项目施工组织设计

4.2.1 质量保证体系

1. 质量保证体系图

质量保证体系如图 4.62 所示。

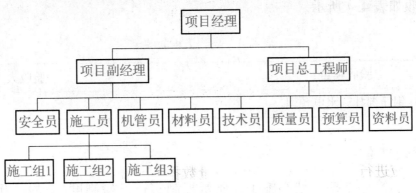

图 4.62 质量保证体系

2. 工程技术复核

做好对原材料的复核工作，认真做好施工记录(表 4.2)。

表 4.2 工程技术复核

序号	复核项目	复核人
1	模具定位	
2	钢筋绑扎	
3	埋件预埋	
4	混凝土浇捣	
5	蒸汽养护	

3. 原材料复检及成品检测

原材料复检如表 4.3 所示。

表 4.3 原材料复检

序号	验收项目	验收人
1	钢筋性能及质量偏差	
2	混凝土标养	
3	成品预制剪力墙第三方检测	
4	出厂合格证	
5	PVC 阻燃套管检验报告、暗装线盒检测报告、钢管检测报告	
6	楼梯第三方检测	
7	高强钢筋性能检测、高强钢筋质量偏差检测	
8	成品楼板第三方检测	

隐蔽工程验收如表4.4所示。

表4.4 隐蔽工程验收

验收项目	验收人
钢筋绑扎、水电预埋	

4. 质量管理措施

做到精心组织、精心指挥、精心施工。质量控制实行三检制度（自检、互检、质检）。加强工程预检工作，防止或减少制作和安装操作累积误差。对施工人员经常进行全面质量教育，针对工程施工特点，强化质量意识，牢固树立"百年大计，质量第一"思想。

5. 采购的原材料复检和成品检验

预制构件检验批依据《混凝土结构工程施工质量验收规范》（GB 50204—2015）检验数量：同一类型预制构件不超过1 000个为一批，每批随机抽取1个构件进行结构性能检验。

检验方法：检查结构性能检验报告或实体检验报告。

（1）剪力墙

项目：钢筋性能检测（60t一批次）、钢筋质量偏差检测（60t一批次）、混凝土标养检测（100m³一批次）、成品预制剪力墙第三方检测（每1 000块检测一次）、出厂合格证、PVC阻燃套管检验报告、暗装线盒检测报告、钢管检测报告。

（2）楼梯

项目：钢筋性能检测（60t一批次）、钢筋重量偏差检测（60t一批次）、混凝土标养检测（100m³一批次）、楼梯第三方检测（每1 000块检测一次）、出厂合格证。

（3）楼板

项目：高强钢筋性能检测（60t一批次）、高强钢筋重量偏差检测（60t一批次）、混凝土标养检测（100m³一批次）、成品楼板第三方检测（1 000块检测一次）、出厂合格证。

4.2.2 质量保证措施

1. 剪力墙

（1）施工工艺

模板安装与清理→钢筋绑扎→验收→混凝土浇筑→蒸汽养护与脱模→出池、码放→成品验收→出厂。

本工程构件制作时，生产车间及各生产小组应提前做准备工作，包括构件类型分布、场地安排，临时码放区域清理，生产设备调用、新制，辅料统计及库存清点等。

（2）施工流程

1）模板安装与清理：

①模板侧模与侧模、侧模与底模采用螺栓固定，具体视情况而定。

②侧模与侧模、侧模与底模之间一定要保证准确固定，用作底模的台座、胎模、地坪及铺设的底板等均应平整光洁，不得下沉、裂缝、起砂或起鼓，以保证墙体与梁的截面尺寸。

③模具的部件与部件之间应连接牢固；预制构件上的预埋件均应有可靠固定措施，清水混凝土构件的模具接缝应紧密，不得漏浆、漏水。

④每次使用完模板后，将模板上的残渣、铁锈等杂物清理干净，并涂刷脱模剂，脱模剂应具有良好的隔离效果，且不得影响脱模后混凝土表面的后期装饰。

⑤模板安装后报甲方生产技术部验收合格后，方可进行下一道工序。

2）钢筋绑扎：

钢筋、预埋件入模安装固定后，浇筑混凝土前应进行构件隐蔽工程质量检查，其内容包括纵向受力钢筋的牌号、规格、数量、位置等；钢筋的连接方式、接头位置、接头数量、接头面积百分率等；箍筋、横向钢筋的牌号、规格、数量、间距等；预留孔道的规格、数量、位置，灌浆孔、排气孔、锚固区局部加强构造等；预埋件的规格、数量、位置等。

①保证所用钢筋型号准确，应按国家现行有关标准的规定进行进场检验，其力学性能和重量偏差应符合设计要求或标准规定，且需见到甲方提供的钢筋复试报告方可进行施工。

②保证钢筋的间距及距构件边的距离、位置精确，确保钢筋保护层厚度。

③保证钢筋及拉钩、箍筋数量及预留钢筋长度的准确。

④钢筋绑扎前应注意除锈，确保钢筋清洁到位，表面应无损伤、裂纹、油污、颗粒状或片状老锈。

⑤绑扎成型的钢筋骨架周边两排钢筋不得缺扣，绑扎骨架其余部位缺扣、松扣的总数量不得超过绑扣总数的20%，且不应有相邻两点缺扣或松扣。

⑥纵向钢筋采用浆锚搭接连接，丝杠及灌浆孔的位置要精确无误。

⑦钢筋绑扎完成报甲方生产技术部验收合格后，方可进行下一道工序。

3）混凝土浇筑：

①本工程采用商品混凝土，保证构件所需混凝土品种与等级准确，冬季施工时应添加防冻剂。

②每次开盘前做好坍落度实验，坍落度保证在 140~160mm，商品混凝土每次开盘及 100m³ 内留置 3 组试块。

③混凝土浇筑过程中人员配置要合理，振捣棒等工具配置要到位，振捣棒在振捣过程中应保证将混凝土中的气体全部排出，且振出浮浆。

④混凝土浇筑成型后，根据各类型构件要求将其操作面抹平压光。混凝土收面过程要求

用压杠刮平，尤其是门口、窗口部位平整度要从严控制。

⑤预制构件节点及接缝处后浇混凝土强度等级不应低于预制构件的混凝土强度等级；预埋件和连接件等外露金属件应按不同环境类别进行封闭或防腐、防锈、防火处理，并应符合耐久性要求。预制构件中外露预埋件嵌入构件表面的深度不宜小于10mm，墙板手工操作面应确保平整光滑，达到标准要求，一般如下。

a. 粗抹平：刮去多余混凝土(或填补凹陷)，进行粗抹。

b. 中抹平：待混凝土收水并开始初凝，用铁抹子抹光面，达到表面平整、光滑。

c. 精抹平：在初凝后，使用铁抹子精工抹平，力求表面无抹子痕迹，满足平整度要求。

d. 混凝土浇筑完成后，报甲方生产技术部验收合格后，方可进行蒸汽养护。

4)蒸汽养护与脱模：

①混凝土验收合格后进行蒸汽养护，养护时间为12h。养护过程中应进行温度测试，自混凝土养护开始后每小时进行一次测温，每一批次设置3个测温点，并做好记录。

②同种配合比的混凝土每工作班取样一次，做抗压强度试块不少于3组(每组3块)，分别代表脱模强度、出厂强度及28d强度。试块与构件同时制作，同条件蒸汽养护，出模前由实验室压试块并开具混凝土强度报告，达到脱模强度(75%)后方可起吊脱模。

③拆模后的预制构件应及时检查，并记录其外观质量和尺寸偏差；对出现的一般缺陷，应按技术方案要求进行处理，并对该构件重新检查。

④预制构件的预埋件、插筋、预留孔规格、数量应符合设计要求。

⑤预制构件的叠合面或键槽成型质量应满足设计要求。

⑥构件出池过程中，应保证所需要机械及人员到位，确保不损坏构件及安全，将构件放置码放区进行码放。

⑦对存在的一些缺陷，经技术人员判定，不影响结构受力的缺陷可以修补。

5)外观质量验收：构件外观质量验收如表4.5和表4.6所示。

表4.5 构件外观质量

项目	现象	质量要求	检验方法
露筋	钢筋未被混凝土完全包裹	受力主筋不应有，其他构造钢筋和箍筋允许少量	观察
蜂窝	混凝土表面石子外露	受力主筋部位和支撑点位置不应有，其他部位允许少量	观察
孔洞	混凝土中孔穴深度和长度超过保护层	不应有	观察
外形缺陷	缺棱掉角、表面翘曲	清水面不应有，钢模表面不应有	观察

项目	现象	质量要求	检验方法
外表缺陷	表面麻面、起砂、掉皮、污染	清水面不应有，钢模表面不应有	观察
连接部位缺陷	连接钢筋、连接件松动	不应有	观察
破损	影响外观	影响结构性能的裂缝不应有，不影响结构性能和使用功能的破损不宜有	观察
裂缝	贯穿保护层到达构件内部	影响结构性能的裂缝不应有，不影响结构性能和使用功能的裂缝不宜有	观察

表 4.6　预制混凝土构件外形尺寸允许偏差　　　　　单位：mm

检查项目	内容	允许偏差	检查依据与方法
长度	内墙板	±5	用钢尺测量
	外墙板	±5	用钢尺测量
	宽度	±5	用钢尺测量
	厚度	±5	用钢尺测量
	外墙板	5	用钢尺测量
	对角线差值	5	用钢尺测量
	表面平整度、扭曲、弯曲	5	用 2m 靠尺和塞尺检查

2. 楼梯

（1）施工工艺

钢模板及其配件维修→施工准备→铺设底模及一面侧模→钢筋绑扎→另一面钢侧模板安装→混凝土浇筑→蒸汽养护→质量验收→出池吊装。

模板维修施工工艺及流程：清渣、除锈→板面维修→板肋维修。

（2）施工流程

1）模具清理：

①模板清渣、除锈。先用扁铲清理模板上的灰块，然后用角磨机(安装钢丝刷)清理模板上的灰渣和浮锈。角磨机打磨不到位的部位用钢刷清灰、除锈，要求清理彻底，不留死角。

②板面维修。用靠尺、塞尺检查表面平整情况，平整度超过 2mm 的模板需要在钢平台上平整板面。禁止用铁锤直接捶打板面，板面平整度要求达到 2mm 以内，用靠尺、塞尺检查。对板面孔洞用 2.5mm 厚钢板堵塞，补焊找平，再用角磨机打磨平整。

③板肋维修。对模板肋变形部位调直，边肋不得超出凸棱。对脱焊部位补焊加固，焊脚

长度不小于 2mm，焊缝长度不小于 10mm。边肋不全的模板可拆除报废模板肋板补齐，边肋孔洞需用钢板堵塞，焊口满焊，以保证模板刚度。板肋高度不得超过模板设计厚度，边肋打磨时严禁用砂轮机打磨面板凸棱。

2)楼梯钢模板安装、钢筋绑扎：

①安装钢模板、涂刷脱模剂：模板接缝处用密封条沿模板内缝边密封，不得出现跑浆、漏浆现象，模板与混凝土接触面应清理干净并涂刷脱模剂；模板内的杂物应清理干净，脱模剂应涂刷均匀且不得污染钢筋和混凝土接茬处，模板垂直度不得大于 3mm。

②钢筋绑扎：钢筋外观应平直、无损伤，表面不得有裂纹、油污、颗粒状或片状老锈。检查钢筋(钢筋型号、直径、数量、间距、位置)是否符合图纸及规范要求。另一侧钢模板安装应紧固牢靠，接缝处用密封条沿模板内缝封堵密实，严禁出现跑浆、漏浆现象。混凝土施工必须按要求进行，严禁出现烂根、蜂窝、气泡，杜绝出现大的质量事故。

3)混凝土浇筑及养护。浇筑混凝土时应分段分层连续进行，浇筑层高度应由结构特点、钢筋疏密决定，一般为振捣器作用部分长度的 1.25 倍，最大不超过 40cm。使用插入式振捣器时应快插慢拔，插点要均匀排列，逐点移动，顺序进行，不得遗漏，做到均匀振实。移动间距不大于振捣作用半径的 1.5 倍(一般为 30~40cm)。振捣上一层时应插入下层 50mm，以消除两层间的接缝。浇筑混凝土应连续进行，如必须间歇，其间歇时间应尽量缩短，并应在混凝土凝结前将次层混凝土浇筑完毕。间歇的最长时间应按水泥品种、气温及混凝土凝结条件确定，一般超过 2h 应按施工缝处理。浇筑混凝土时，应经常观察模板、钢筋、预留孔洞、预埋件和插筋等有无移动、变形或堵塞情况，发现问题应立即处理，并应在已浇筑混凝土凝结前修正完好。待合模后开始准备蒸养，蒸养前先将篷布支撑架以 50cm 左右间距排列整齐，然后覆盖篷布，覆盖篷布时要严密防止蒸汽外漏。然后通知锅炉房通蒸汽，升温 2~3h，每小时升温 35℃~40℃；恒温 5~8h，保持恒温不超过 80℃/h，降温 2~3h，每小时降温 20℃~30℃。蒸汽养护时用温度计测温并做好记录。

蒸汽时间应根据天气、季节情况适当调整。

4)质量验收：预制楼梯外观质量、尺寸偏差及结构性能应符合设计要求。预制楼梯的外观质量不应有严重缺陷，不宜有一般缺陷，不应有影响结构性能和安装、使用功能的尺寸偏差。

①外形尺寸：混凝土预制构件尺寸允许偏差及检验方法如表 4.7 所示。

表 4.7　混凝土预制构件尺寸允许偏差及检验方法　　　　单位：mm

项目	允许偏差	检查方法
长度	+10，-5	钢尺检查
宽度、高(厚)度	±5	钢尺量一端及中部，取其中较大值

项目	允许偏差	检查方法
预留孔	中心线位置，5	钢尺检查
钢筋保护层厚度	+5，−3	保护层厚度测试仪
对角线差	10	钢尺量两个对角线
表面平整度	5	2m 靠尺和塞尺检查
翘曲	$L/750$	调平尺在两端测量

注：L 为构件长度，mm。

②外观质量：混凝土外观质量评定（预制混凝土构件及现浇混凝土）如表 4.8 所示。

表 4.8　混凝土外观质量评定

检查项目	执行标准	
	优良	合格
形体尺寸及表面平整度	符合设计要求	局部稍超出规定，但累计面积不超过 0.5%，经处理符合设计要求
露筋	无	无主筋外露，箍筋、副筋个别微露，经处理符合设计要求
深层及贯穿裂缝	无	经处理符合设计要求
麻面	无	有少量麻面，但累计面积不超过 0.5%，经处理符合设计要求
蜂窝孔洞	无	轻微、少量、不连续，单个面积不超过 0.1m²，深度不超过骨料最大粒径，经处理符合设计要求
缺棱掉角	无	重要部位不允许，其他部位轻微少量，经处理符合设计要求
表面裂缝	无	有短小、不跨层的表面裂缝，经处理符合设计要求

5）出池吊装：混凝土楼梯蒸养后经过试压试块，强度值达到设计强度 70% 以上时，方可出池吊装。出池时先将篷布叠好并放至指定位置，再拆除钢模板。出池吊车吊装到码放区，梯段前后摆放好方木，注意控制梯段间距，以便于后期修理。吊装时由于梯段较长，注意轻起轻放，以免发生脱落、碰撞等造成人员、设备与梯段损伤。

6）安全注意事项：

①进入作业区需遵守相关规章制度。

②使用机械发现问题及时处理，禁止机械带病作业。

③机械维修时必须先切断电源，以防触电。

④下班后注意使用机械保护、覆盖，并拉断电源。

⑤安全生产，文明施工，做到"活完、料净、脚下清"。

3. 楼板

（1）施工工艺

模板安装与清理→钢筋张拉→钢筋绑扎→钢筋验收→蒸汽养护→出池、码放→成品验收→出厂。

预制板生产钢筋符合《混凝土结构设计规范》（GB 50010—2010）相关规定：预制板端伸出锚固钢筋互相连接，并宜与板支撑结构（圈梁、梁顶或墙顶）伸出的钢筋及板端拼缝设置的通长钢筋连接。

本工程构件制作时，生产车间及各生产小组应提前做准备工作，包括构件类型分布、场地安排，临时码放区域清理，生产设备调用、新制，辅料统计及库存清点等。

（2）施工流程

1）模具施工。

①生产线清理：将生产线上的砂石、渣土清理干净，并检查设备是否运转正常。

②脱模剂涂刷：在涂刷脱模剂时，先清理模板、生产线上的水泥、污垢、灰尘等，保证表面洁净。脱模剂加水稀释使用时，需要搅拌均匀再涂刷（新生产线使用前应整线涂刷未加水稀释的脱模剂或废机油）。由于脱模剂涂刷到生产线上，待其干燥以后需要形成完整的膜层（特别是钢模板生产线），因此要勤拉勤收，确保涂刷均匀一致，防止出现流挂、漏刷、气泡、杂质等。

如钢筋张拉完成因雨水冲刷造成脱模剂失效，需使用粉质脱模剂进行补刷。

2）钢筋张拉。钢筋张拉时，将钢筋延生产线拉至生产线端部，钢筋一端由钢筋输筋板穿过，穿过端部后用夹具固定，然后按尺寸切断一端。钢筋切断后，钢筋由另一端输筋板穿过，穿过后用张拉机拉力夹具夹住钢筋，夹筋长度不得小于10cm，并用墩头机墩头（墩头次数不少于两遍）。整线布筋完成后通知质检人员对预应力钢筋拉力进行检测，并对张拉机拉力值（限位器）进行调试设置。调试检测无误后，启动张拉机进行张拉，张拉机加力至设计钢筋拉力值处（有限位器）停止张拉。用夹具夹住钢筋后，缓慢松开张拉机，并用墩头机进行墩头（墩头次数不少于两遍）。

3）模具支设及维修。每次组合模具前，将模具表面混凝土残渣、灰尘打磨干净，模具内侧需光滑平整，平整度要小于5mm；模具面和侧模挠度小于10mm，模具组合严格按生产任务单要求尺寸进行组合。组合模具时，模具接缝处要保证严密，边模与底模不应有缝隙，缝隙处可采用重物压或密封条、密封胶棒封堵，防止漏浆。组模前模具涂刷机油，涂刷应均匀，防止出现流挂、漏刷、杂质等；模具尺寸必须符合任务单标注的尺寸，其误差需在验收规范规定的范围内：模具长度偏差≤3mm、宽度偏差<3mm、对角线偏差≤5mm。模具固定分为磁力盒固定、压杆固定，磁力盒固定适用于钢底模板生产线，压杆固定适用于混凝土地面生产线(图4.63)。

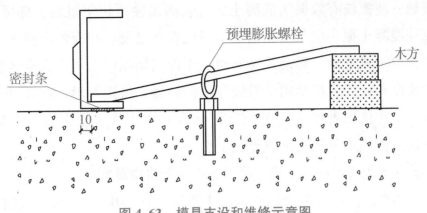

图4.63　模具支设和维修示意图

模具平整度超过5mm需要在钢平台上平整板面，禁止用铁锤直接捶打板面，板面平整度要求达到5mm以内，对板面键槽脱焊需补焊加固，焊脚长度不小于2mm，焊缝长度不小于10mm，再用角磨机打磨平整。

4)钢筋绑扎。钢筋绑扎前，确保预应力钢筋表面无油污、脱模剂等，先绑扎板底分布筋，再绑扎板端构造筋。根据设计图纸及图集要求绑扎钢筋，钢筋绑扎过程中保证钢筋间距及距模具边距离、位置精确，边筋出板长度一致，确保预应力筋、分布筋、构造筋保护层厚度为15mm，楼板两端外露钢筋长度必须符合要求。实心板板端出筋，上筋出120mm向下打钩50mm，共170mm；板下预应力钢筋出100mm；板侧胡子筋出80mm向上打钩50mm，共130mm；端部分布钢筋距模具50～150mm，楼板均按设计要求荷载值配筋(图4.64)。绑扎成型的板端钢筋骨架不得缺扣，绑扎板端骨架其余部位跳扣总数量不得超过绑扣总数的30%，且不应有相邻两点缺扣。

图4.64　板钢筋分布

5)混凝土浇筑。混凝土施工前应先通知质检人员，所需混凝土品种与等级应准确，混凝土坍落度保证在120～140mm。冬季施工中应添加防冻剂，对模具几何尺寸、钢筋绑扎间距、出筋长度等进行检验，检验合格确认无误后，方可进行混凝土施工。采用商品混凝土时，需核对混凝土发货单上混凝土品种、等级等无误后，方可进行混凝土浇筑施工。人工平整注意虚铺厚度，以防楼板厚薄不均。人工平整完成后采用平板式振动器振捣，要准确掌握振捣时间。边振捣边人工平整，每次振动时间不应超过1min。当混凝土在模内泛浆流动或表面平整边角两端饱满时，即可停振，不得在混凝土初凝状态时再振，楼板板面平整度应小于5mm。平板式振动器作业时，应使平板与混凝土保持接触，使振波有效振实混凝土，待表面出浆不再下沉后，即可缓慢向前移动，移动速度应能保证混凝土振实出浆。振动器不得搁置在已凝或初凝的混凝土上。采用绳拉平板振捣器时，拉绳应干燥绝缘；移动或转向时，不得用脚踢电动机，作业转移时电动机导线应保持有足够的长度和松度，严禁用电源线拖拉振捣器。振捣过后，应及时清理模具周边散落的混凝土及漏浆，待楼板表面混凝土"水汽"吸收并用木抹子抹平后，应及时用塑料布或薄膜覆盖楼板，以防楼板水分流失过快导致干裂。

根据天气情况适当调整水灰比，施工前可先用喷壶将模具底部湿润。

6)蒸汽养护。蒸养前，同种配合比的混凝土每池取样一次，做抗压强度试块不少于3组（每组3块），分别代表脱模强度、出厂强度及28d强度。试块与构件同时制作，同条件蒸汽养护，出模前由实验室压试块并出具混凝土强度报告，达到脱模强度的75%，方可停汽脱模出池。待生产线楼板生产满后开始准备蒸养，蒸养前先将篷布支撑架以50cm间距排列整齐，然后覆盖篷布，覆盖篷布时要严密防止蒸汽外漏。然后开启蒸汽阀门，升温2~3h，每小时升温35℃~40℃；恒温5~8h，保持恒温不超过80℃；降温2~3h，每小时降温20℃~30℃。蒸汽养护时，用温度计测温并做好记录。

蒸汽时间根据天气、季节情况适当调整。

7)外观质量要求：

①楼板尺寸(长、宽、厚)必须符合任务单标注的尺寸，其误差需在验收规范规定的范围内，楼板长度偏差为+10mm、-5mm，对角线偏差不大于10mm，宽度偏差为+10mm、-5mm，厚度为±5mm。

②楼板板面平整度允许误差为5mm，楼板侧向弯曲、翘曲允许误差为 $L/750$，且不大于20mm。

③混凝土振捣要求表面平整，内部密实，边角及两端饱满，防止出现蜂窝、塌边、掉角。

④拆模后的预制构件应及时进行检查，并记录其外观质量和尺寸偏差；对于出现的一般缺陷，应按技术方案要求进行处理，并对该构件重新进行检查。

⑤经技术人员判定，对不影响结构受力的缺陷进行修补。

构件外观质量验收如表4.9所示。

表 4.9 构件外观质量验收

项目	现象	质量要求	检验方法
露筋	钢筋未被混凝土完全包裹	受力主筋不应有，其他构造钢筋不应有	观察
蜂窝	混凝土底面、侧面石子外露	受力主筋部位和支撑点位置不应有	观察
孔洞	混凝土中孔穴深度和长度超过保护层	不应有	观察
外形缺陷	缺棱掉角、表面翘曲	不宜有	观察
外表缺陷	表面起砂、掉皮、污染	不应有	观察
连接部位缺陷	连接钢筋、连接件松动	不应有	观察
破损	影响外观	影响结构性能的裂缝不应有，不影响结构性能和使用功能的破损不宜有	观察
裂缝	贯穿保护层到达构件内部	影响结构性能的裂缝不应有，不影响结构性能和使用功能的裂缝不宜有	观察

8）出池吊装。混凝土楼板蒸养后经过试压试块，强度值达到设计强度的 75% 以上时，方可出池吊装。出池时先将篷布叠好并放置到指定位置，再用大剪先从生产线中间楼板位置开始断筋，单块楼板应从两侧往中间对称断筋，预应力钢筋长度不得超过上部钢筋长度。出池吊车装车时，运输车辆前后两段枕木应平整坚实，堆放场地要平整夯实，堆放时使板与地面之间留有一定空隙，并有排水措施。垫木要上下对正、四角保持平稳、左右对齐，垫木厚度大于吊环出板面的高度，垫木距板端 200~300mm，堆放高度不超过 8 层，以免压坏楼板。待码放完后，在楼板上浇水湿润并覆盖篷布进行养护。

9）安全注意事项：

①进入作业区需遵守相关规章制度。

②合理使用机械，发现问题及时处理，禁止机械带病作业。

③机械维修时，必须先切断电源，以防触电。

④下班后注意使用机械保护、覆盖，并拉断电源。

⑤安全生产，文明施工，做到"活完、料净、脚下清"。

⑥施工现场人员必须服从公司员工管理规定，住宿人员必须服从宿舍管理规定。

4.2.3 预制构件具体吊运及安装

1. 平面布置要点

1）现场硬化采用 C20 混凝土，铺设范围包括常规材料堆场（钢筋、支撑、吊具、钢模等）

外架底部和构件车辆通行道路。

2)现场车辆行走通道必须能满足车辆可同时进出，避免道路问题影响吊装衔接。

3)塔吊数量需根据构件数量确定(结构构件数量一定，塔式起重机数量与工期成反比)；塔式起重机型号和位置需根据构件质量和范围确定，原则上距离最重构件和吊装难度最大的构件最近。

4)预制板码放及运输：

①堆放场地应为混凝土地坪，场地应平整并有足够承载力，避免由于场地原因造成构件开裂和损坏。

②所有与构件表面接触的材料均应有隔离措施，包裹无污染塑料膜。

③叠层码放时，垫木均应上下对正，每层构件间的垫木或垫块应在同一垂直线上，竖直传力(图4.65)。

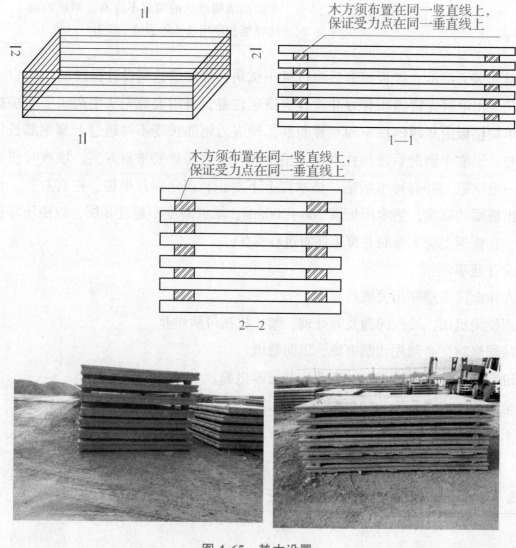

图4.65 垫木设置

④垫木应根据构件平起吊环位置设置，且不可放置在构件受力薄弱位置。

5）预制墙的码放需放置在专用的架体上，墙下方垫木方，运输过程中应使用专用架体码放，且墙体用绳索固定牢固，防止运输过程中因晃动造成墙体破坏(图4.66)。

图4.66　墙板码放和运输

6）预制楼梯码放应顺着楼梯侧面在同一直线上垫木方，运输过程中楼梯间应放置木方，防止晃动引起碰撞(图4.67)。

图4.67　楼梯码放

🛠 2. 预制墙安装

测量放线→竖向钢筋校正→测量放置水平标高控制垫铁，并用坐浆料填实→墙柱吊装、固定、校正→浆锚节点灌浆→梁板、楼梯段吊装、固定、校正→节点钢筋绑扎→节点模板安装→节点及叠合梁混凝土浇筑。

（1）测量放线

1）清理墙、暗柱安装部位杂物，将松散混凝土及高出定位预埋钢板黏结物清除干净。使用经纬仪、铅垂仪(线垂)将主控轴线引测到楼面上，根据施工图，配合钢卷尺、50m钢尺将轴线、墙柱边线、门窗洞口线、200mm控制线等用墨线在楼面上弹出。

2）使用水准仪、塔尺在预留钢筋上抄测出结构500mm线，用红漆做好标志。同时，在构件下口弹出500mm线。

（2）竖向钢筋校正

根据所弹出墙线及构件插筋孔位置，调整下层墙伸出的预留钢筋位置及长度(可制作定位模具)。

（3）水平标高控制

测量放置水平标高控制垫铁，并用坐浆料填实，在墙、暗柱构件安装部位的混凝土应进行凿毛处理，然后根据测量钢筋上的结构 500mm 线，在墙柱构件安装部位设置垫铁(至少 2 个放置点)进行找平。垫铁厚度根据水平抄测数据确定，并铺设 20mm 厚坐浆料，允许偏差值为 0~2mm。

(4)墙吊装、固定、校正

1)清理墙安装部位的杂物，将松散混凝土及高出垫铁的黏结物清除干净，检查墙柱轴线的位置、标高和锚固是否符合设计要求。对预吊墙伸出预留钢筋进行检查，将下部伸出墙柱筋理直、理顺，保证预留插筋孔同下层墙钢筋的准确插接。

2)墙起吊：吊装用钩绳与卡环相钩区用卡环卡准，吊绳应处于吊点的正上方，慢速提升，待吊绳绷紧后暂停上升。及时检查自动卡环可靠情况，防止自行脱扣，无误后方可起吊(图 4.68)。

3)墙就位校正：当墙吊起距地面 1m 左右时稍停，然后经信号员指挥，将墙吊运到楼层就位。就位时(电葫芦倒链配合)，缓慢降落到安装位置正上方停住。核对墙的插筋孔，由工人控制调整方位，使墙柱插筋孔与下部钢筋完全吻合并一一插入。根据墙定位线用撬棍等将墙柱根部就位准确，就位后立即在墙板上安装斜支撑。斜支撑安装在竖向构件同一侧面，与楼面的水平夹角大于 60°。支撑下部连接固定用 M16×80 膨胀螺栓，确保安全后方可摘钩。调节支撑上的可调螺栓进行垂直度校正，一块墙板构件至少安装两根斜支撑(图 4.69)。

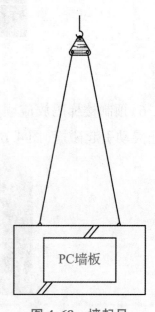

图 4.68 墙起吊

4)墙与墙之间的钢筋搭接、预制墙甩筋与现浇部分钢筋搭接依据现浇图纸进行绑扎(图 4.70)。

图 4.69 墙就位校正

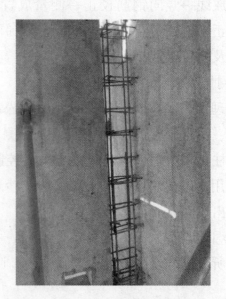

图 4.70 预制墙连接

（5）墙锚节点灌浆（图4.71）

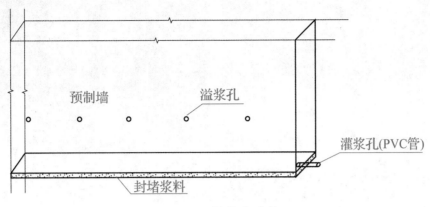

预制墙　　溢浆孔

灌浆孔(PVC管)

封堵浆料

图4.71　锚节点灌浆

1)灌浆前应全面检查排气孔是否通畅，将墙构件与楼面连接处清理干净，灌浆前24h将表面充分浇水湿润，灌浆前1h应吸干积水。

2)严格按照产品说明书要求配置灌浆料，先在搅拌桶内加入定量的水，再将干料倒入，用手持电动搅拌器充分搅拌均匀。搅拌时间从开始投料到搅拌结束应不小于3min，搅拌时叶片不得提至浆料液面之上，以免带入空气。搅拌后的灌浆料应在30min内用完。

3)灌浆前先将剪力墙连接四周用灌浆料封严，留一根PVC管做灌浆备用。待灌浆料强度达到100%后，从PVC管中继续灌浆，过程中注意排气孔，若有灌浆料溢出，则进行封堵，待灌浆完成后拔出PVC管，并将洞口灌严。

4)灌浆应连续、缓慢、均匀地进行，单块构件灌浆孔或单独拼缝应一次连续灌满，直至排气管排出的浆液稠度与灌浆口处相同，且没有气泡排出后，将灌浆孔封闭。灌浆结束后，应及时将灌浆口及构件表面的浆液清理干净，并将灌浆口表面抹压平整。

5)灌浆施工后，应避免灌浆层受到振动和碰撞，以免损坏未结硬的灌浆层。灌浆完成后30min内，应立即喷洒养护剂或覆盖塑料薄膜(冬季应加盖岩棉被)等进行养护，或在灌浆层终凝后立即洒水保湿养护。养护措施还应符合《钢筋混凝土工程施工验收规范》(GB 50204—2015)有关规定。

3. 预制楼板安装(图4.72)

1)吊装板前，先确保墙柱安装、校正、加固完成。一般应优先采用硬架支模安装，顶楞平直，支承模板。水平楞应紧贴墙体，为避免接缝漏浆，在木方与墙体接缝处加双层海绵条。标高要一致，竖向支承牢固。另加横向支承，以防止浇灌圈梁混凝土时水平楞胀开、跑浆，造成墙顶阴角不方正，影响室内装修。

2)划板的位置线：在梁(或墙板)侧面，按结构平面布置图画出板缝位置线，注明板的型号。板必须按设计要求对号入座，不得放错板号。

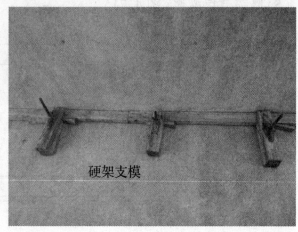

硬架支模

图 4.72 楼板吊装

3)板就位前，应根据 500mm 标高线检查标高，保证板端支座严密。

4)位置调整：对准位置线，落稳后方可脱钩。用撬棍拨动板端，理顺外露胡子筋。

5)预制板缝钢筋搭接应符合下列要求。

①板侧连接：预制板板缝上翼缘宽度不小于 80mm，在板缝内放置两根纵筋，纵筋直径不小于 8mm。板侧设贯通板宽的抗剪槽或粗糙面。

②板端连接：板端设贯通板宽的抗剪槽或粗糙面。

③板端与墙连接：板端预应力主筋及盖紧应锚固在后浇段内。

④板侧与梁、墙连接：板侧做成凹凸齿槽形式，板侧胡子筋应锚固在后浇带内。

⑤预制板按简支、单向板设计。

⑥板缝、板端及板侧均采用高一个等级的微膨胀混凝土浇筑(图 4.73)。

图 4.73 预制板板缝

6)当预制板下为现浇墙体和现浇梁时，板支撑采用脚手架支撑体系；顶板支撑系统为扣件式满堂脚手架，立杆排距为1 000mm，水平杆间距为1 200mm(图4.74)。顶托采用木方尺寸为100mm×100mm。采用的钢管类型为$\phi48\times3.5$，采用扣件连接方式。立杆上端伸出至模板支撑点长度为300mm。

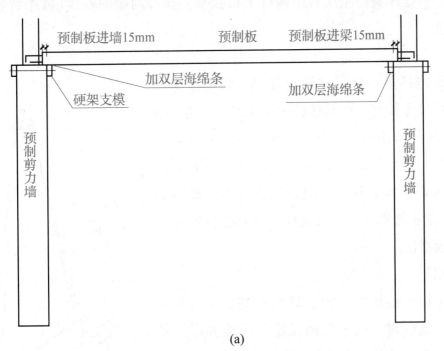

(a)

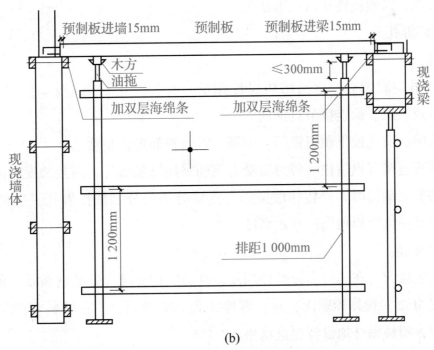

(b)

图4.74 预制板安装

(a)预制板担在预制墙上；(b)预制板担在剪力墙和梁上

4. 楼梯段安装

（1）吊装准备

楼梯段在墙、板完成安装，楼梯剪力墙现浇完成后进行吊装。吊装前应先清理连接部位的灰渣和浮浆，根据标高控制线将梁构件上口找平，弹好两端的轴线（或中线），调直、理顺两端伸出的钢筋。

（2）起吊

按照图纸规定的吊点位置挂钩或锁绳，根据楼梯段位置坡度选择钢丝绳长度，使其按楼梯平面坡度吊装（图4.75）。注意：吊绳与楼梯段上表面间的夹角应大于45°。如采用吊环起吊，必须同时拴好保险绳。当采用兜底吊运时，必须用卡环卡牢。挂好钩绳后缓慢提升，绷紧钩绳，离地50cm左右暂停上升，认真检查吊具拴挂安全可靠后，方可吊运就位。

（3）安装就位

就位前，应检查楼梯梁（TL1、TL2）标高、位置是否符合安装要求。就位时，找好楼梯段定位轴线和梁上轴线之间的相互关系，以便使楼梯段正确就位。

（4）节点钢筋绑扎

1）钢筋绑扎：

①预制构件吊装就位后，根据结构设计图纸，绑扎墙柱垂直连接节点、梁、板连接节点钢筋。

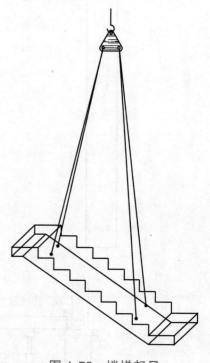

图 4.75 楼梯起吊

②钢筋绑扎前，应先校正预留锚筋、箍筋位置及箍筋弯钩角度。

③剪力墙垂直连接节点暗柱、剪力墙受力钢筋采用搭接绑扎，搭接长度应满足规范要求。

④绑扎楼梯节点钢筋时，将楼梯段锚筋与支座处锚筋分别搭接绑扎，搭接长度应满足规范要求，同时应确保负弯矩钢筋的有效高度。

2）节点模板安装：

①安装节点模板前，在模板支设处楼面及模板与结构面结合处粘贴30mm宽双面胶带。

②模板使用M12对拉螺栓紧固，对拉螺栓外套φ20塑料管。在塑料管两端与模板接触处分别加设塑料帽，塑料帽外加设海绵止水垫。

③对拉螺栓间距不宜大于800mm，上端对拉螺栓距模板上口不宜大于400mm，下端对拉螺栓距模板下口不宜大于200mm（预制构件已预留孔）。

3)节点混凝土浇筑：

①混凝土浇筑前，应将模板内及叠合面垃圾清理干净，并应剔除叠合面松动的石子、浮浆。

②构件表面清理干净后，应在混凝土浇筑前24h将节点及叠合面充分浇水湿润，浇筑前1h吸干积水。

③节点混凝土浇筑应采用ZN35型插入式振捣棒振捣，混凝土应振捣密实。

④混凝土浇筑后12h内应进行覆盖浇水养护。当日平均气温低于5℃时，宜采用薄膜养护，养护时间应满足规范要求。

4.2.4 质量标准及验收

1. 质量标准

1)吊装时，构件混凝土强度必须满足设计要求和《装配式混凝土剪力墙结构施工及质量验收规程》(DB13(J)/T 182—2015)的规定，构件的型号、位置、支点、锚固必须符合设计要求，且无变形、损坏现象。

2)构件节点构造、锚固做法必须符合设计要求和建筑物抗震规范的有关规定，安装平稳、牢固、安全可靠。

3)墙、板楼、构造节点混凝土振捣要密实。加强后期养护，检查试块试验报告，其强度必须满足设计要求和施工规范的规定。

4)允许偏差项目如表4.10所示。

表4.10 允许偏差项目 单位：mm

项目		允许偏差	检查方法
构件中心线对轴线位置	基础	15	尺量检查
	竖向构件(柱、墙桁架)	10	
	水平构件(梁、板)	5	
构件标高	梁、柱、墙、板底面或顶面	±5	水准仪或尺量检查
构件垂直度	柱、墙 <5m	5	经纬仪或全站仪测量
	≥5m 且<10m	10	
	≥10m	20	
构件倾斜度	梁、桁架	5	垂线、钢尺测量

项目			允许偏差	检查方法
相邻构件平整度	板端面		5	钢尺、塞尺测量
	梁、板底面	抹灰	5	
		不抹灰	3	
	柱、墙侧面	外露	5	
		不外露	10	
构件搁置长度	梁、板		±10	尺量检查
支座、支垫中心位置	板、梁、柱、桁架		10	尺量检查
墙板接缝	宽度		±5	尺量检查
	中心线位置			

2. 质量验收

(1)剪力墙隐蔽验收

1)预制构件与后浇混凝土结构连接处混凝土的粗糙面或键槽。

2)后浇混凝土中钢筋的型号、规格、数量、位置、锚固长度。

3)结构预埋件、螺栓连接、预留专业管线的数量与位置。

(2)模板与支撑

1)主控项目:预制构件安装固定支撑应稳定可靠,应符合设计、专项施工方案要求及相关技术标准规定。

检查数量:全数检查。

检查方法:观察,检查施工记录。

2)一般项目:后浇混凝土结构模板安装偏差应符合表 4.11 规定。

表 4.11　后浇混凝土结构模板安装偏差　　　　　　　　　　　　　　单位:mm

项目		允许偏差	检验方法
轴线位置		5	尺量检查
底模上表面标高		±5	水准仪或拉线,尺量检查
截面内部尺寸	梁	+4,−5	尺量检查
	墙	+4,−3	尺量检查
	层高垂直度	≤5m	经纬仪或吊线,尺量检查
相邻两板表面高低差		2	尺量检查
表面平整度		5	2m 靠尺和塞尺检查

检查数量：在同一检验批内，对梁应抽查构件数量的 10%，且不少于 3 件；对墙和板应按有代表性的自然件抽查 10%，且不少于 3 件。

（3）模板拆除

1）主控项目：底模及其支撑拆除时，混凝土强度应符合设计和规范要求，有同条件养护试件强度试验报告。

2）一般项目：侧模拆除时，混凝土强度应能保证其表面及棱角不受损伤，不应对楼层形成冲击。拆除的模板和支撑分散堆放并及时清运。

（4）钢筋

1）主控项目：钢筋性能检测（60t 一批次）、钢筋重量偏差检测（60t 一批次）。

2）一般项目：后浇混凝土中连接钢筋、预埋件安装位置允许偏差应符合表 4.12 规定。

表 4.12 连接钢筋、预埋件安装位置允许偏差　　　　　单位：mm

项目		允许偏差	检验方法
连接钢筋	中心线位置	5	尺量检查
	长度	±10	
安装用预埋件	中心线位置	3	尺量检查
	水平偏差	3，0	尺量和塞尺检查
斜支撑预埋件	中心线位置	±10	尺量检查
普通预埋件	中心线位置	5	尺量检查
	水平偏差	3，0	尺量和塞尺检查

（5）混凝土

1）主控项目：

①后浇混凝土的外观质量不应有严重缺陷。

检查数量：全数检查。

检查方法：观察。

②装配式剪力墙结构安装连接节点和连接接缝部位后浇混凝土强度应符合设计要求。

检查数量：同一配合比混凝土，每工作班且建筑面积不超过 1 000 m² 应制作一组标准养护试件，同一楼层应制作不少于 3 组标准养护试件。同条件养护试块根据方案留置。

检查方法：检查施工记录及试件强度试验报告。

2）一般项目：后浇混凝土外观质量不宜有一般缺陷。

检查数量：全数检查。

检查方法：观察。

（6）预制构件安装

1）主控项目：

①预制构件的外观质量不应有严重缺陷，且不应有影响结构性能和安装、使用功能的尺寸偏差。

检查数量：全数检查。

检查方法：观察，钢尺检查。

②后浇部位的钢筋品种、级别、规格、数量和材质应符合设计要求。

检查数量：全数检查。

检查方法：观察，钢尺检查。

③预制构件安装前，检查预留插筋的型号、位置、外伸长度是否符合设计要求。

检查数量：全数检查。

检查方法：观察，钢尺检查。

④灌浆料进场时，应对灌浆料拌合物 30min 流动度、泌水率及 1d 抗压强度、28d 抗压强度、3h 竖向膨胀率、24h 与 3h 竖向膨胀率差值进行检验。

检查数量：同一成分、同一批号的灌浆料，不超过 50t 为一批，制作 40mm×40mm×160mm 试件不应少于 1 组。

检查方法：检查质量证明文件和抽样检验报告。

⑤钢筋浆锚搭接连接用灌浆料 28d 抗压强度检验结果应符合《装配式混凝土结构技术规程》（JGJ 1—2014）的相关规定。

检查数量：每工作班组取样不得少于 1 次，每楼层取样不得少于 3 次。每次抽取一组 40mm×40mm×160mm 试件，标准养护 28 天后进行抗压强度试验。

检查方法：检查灌浆施工记录及抗压强度试验报告。

⑥钢筋浆锚搭接连接的灌浆料应密实饱满。

检查数量：全数检查。

检查方法：检查灌浆施工记录。

⑦装配式剪力墙结构预制构件连接接缝处密封材料应符合设计要求。

检查数量：全数检查。

检查方法：检查出厂合格证、出厂检验报告及相关质量证明文件。

2）一般项目：

①预制构件的外观质量不宜有一般缺陷。

检查数量：全数检查。

检验方法：观察，检查技术处理方案。

②预制构件应在明显部位标明生产单位、构件型号和编号、生产日期和出厂验收标志。

检查数量：全数检查。

检验方法：观察。

③预制构件上的预埋件、吊环、预留孔洞的规格、位置和数量应符合设计要求。

检查数量：全数检查。

检验方法：观察，钢尺检查。

④预制构件的尺寸偏差应符合《装配式混凝土剪墙结构施工及质量验收规程》（DB13（J）T 182—2015）表8.6.13规定。

检查数量：同一检验批内使用的同种构件按同一生产企业、同一品种的构件，不超过100个为一批，每批抽查构件数量的5%，且不少于3件。

⑤装配式剪力墙结构安装完毕后，预制构件安装尺寸允许偏差应符合《装配式混凝土剪墙结构施工及质量验收规程》（DB13（J）/T 182—2015）表8.6.14规定。

检查数量：在同一检验批内，对梁、柱，应抽查构件数量的10%，且不少于3件；对墙和板，应按有代表性的自然件抽查10%，且不应少于3件。

4.2.5 装配式剪力墙结构中混凝土结构子分部工程质量验收

1）装配式剪力墙结构中，混凝土结构子分部工程质量验收应在钢筋、混凝土、现浇结构和装配式结构相关分项工程验收合格的基础上，进行质量控制资料及观感质量验收，并应对涉及结构安全的材料、试件、施工工艺和结构的重要部位进行见证检测或结构实体检验。

2）装配式剪力墙结构工程质量验收时，应提交下列文件与记录。

①工程设计文件、预制构件制作和安装的深化设计图。

②预制构件、主要材料及配件质量证明文件、进场验收记录、抽样复验报告。

③预制构件安装施工验收记录。

④钢筋浆锚搭接连接施工检验记录。

⑤后浇混凝土部位隐蔽工程检查验收文件。

⑥后浇混凝土、灌浆料、坐浆材料强度检测报告。

⑦外墙防水施工质量检验记录。

⑧装配式结构分项工程质量验收文件。

⑨混凝土结构实体检验记录。

⑩装配式工程的重大质量问题处理方案和验收记录。

⑪装配式工程的其他文件和记录。

4.2.6　成品保护

1）楼面上的墙网格轴线要保持贯通、清晰，安装节点标高要注明。需要处理的要做明显的标记，不得任意涂抹和污染。

2）安装墙定位埋件要保证标高准确，不得任意撬动、碰击和移位。

3）节点处的主筋不得歪斜、弯扭，清理铁锈、污秽的过程中不得猛砸。节点加密区箍筋采用焊接封闭式，其间距必须按照设计和抗震要求中关于箍筋加密的规定设置、绑扎牢固。

4）已安装完的墙、板不得任意将支撑、拉杆撤除。

5）构件在运输和堆放时，垫木支垫位置应符合规定，一般应靠近吊环，垫块厚度应高于吊环，且上下垫木成一直线，防止因支垫不合理造成构件损坏。堆放场地应平整、坚实，不得积水。底层应用 100mm×100mm 方木或双层脚手板支垫平稳。每垛构件应按施工组织设计规定的高度和层数码放整齐。

6）安装各种管线时，不得任意剔凿构件，施工中不得任意割断钢筋或造成硬弯损坏成品。

4.2.7　安全文明施工

（1）安全保障体系（图 4.76）

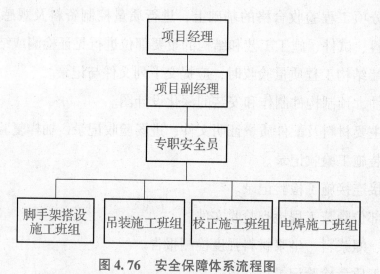

图 4.76　安全保障体系流程图

（2）安全管理措施

加强安全教育工作，做好"三级安全教育"，牢固树立"安全第一"的思想观念。进入施工现场应戴好安全帽，高空作业应扣好安全带，穿好防滑鞋。对每个施工员进行技术交底工作，每日上班前开安全会，每周开一次安全施工例会，总结安全施工情况，提出修改意见。每周由总包单位组织一次安全生产大检查。每天由专职安全员巡视，检查监督安全工作，把安全工作落到实处。

1)参加起重吊装作业人员，包括驾驶员、起重工、信号指挥(对讲机须使用独立对讲频道)、电焊工等均应接受过专业培训和安全生产知识考核教育培训，取得相关部门的操作证和安全上岗证，并经体检确认方可进行高处作业。

2)墙板堆场区域内应设封闭围挡和安全警示标志，非操作人员不得进入吊装区。

3)构件起吊前，操作人员应认真检验吊具各部件，详细复核构件型号，做好构件吊装事前工作，如外墙板连接筋弯曲、塑钢成品保护、临时固定拉杆竖向槽钢安装等。

4)起吊时，堆场区及起吊区的信号指挥与塔式起重机驾驶员的联络通信应使用标准、规范的普通话，防止因语言误解产生误判而发生意外。起吊与下降全过程应始终由当班信号统一指挥，严禁他人干扰。

5)构件起吊至安装位置上空时，操作人员和信号指挥应严密监控构件下降过程，防止构件与竖向钢筋或立杆碰撞。下降过程应缓慢进行，降至可操控高度后，操作人员迅速扶正挂板方向，导引至安装位置。在构件安装斜拉杆、脚码前，塔式起重机不得有任何动作及移动。

6)起吊工具应使用符合设计和国家标准，经相关部门批准的指定系列专用工具。

7)所有参与吊装的人员进入现场应正确使用安全防护用品，戴好安全帽。在2m以上(含2m)没有可靠安全防护设施的高处施工时，必须扣好安全带。在高处作业时，不能穿硬底和带钉易滑的鞋施工。

8)吊装施工时，在其安装区域内行走应注意周边环境是否安全。临边洞口、预留洞口应做好防护，吊运路线上应设置警示栏。

9)使用手持电钻进行楼面螺钉孔钻孔工作时，应仔细检查电钻线头和插座是否破损。配电箱应有防触电保护装置，操作人员须戴绝缘手套。电焊工、氩气乙炔气割人员操作时应开具动火证，并由专人监护。

10)操作人员不得以墙板预埋连接筋作为攀登工具，应使用合格标准梯。在墙板与结构连接处混凝土混强度达到设计要求前，不得拆除临时固定的斜拉杆、脚码。施工过程中，斜拉杆上应设置警示标志，并由专人监控巡视。

(3)主要安全措施

1)边长或直径在20~40cm的洞口可盖板固定防护，40~150cm以上的洞口须架设脚手钢管，满铺竹笆固定围护。

2)边长或直径150cm以上的洞口，应在洞口下设置小眼安全网。

3)钢管立柱纵距、横距、步距应按规定布置(立杆纵距为 2m,立杆横距为 1m,立杆步距为 2m)。

4)建筑物楼层周边钢梁吊装完成后,必须在临边离钢梁面 1.0~1.2m 处设置两道连续 $\phi 9.0~11.0$ 无油钢丝绳。钢丝绳与预制墙预留吊装环用卸扣连接或捆扎连接。

5)架子工搭设临边脚手架、操作平台、安全挑网时,必须将安全带系在临边防护钢丝绳上。

6)预制楼板应由里向外或由外向里连续铺设。

7)楼层预制楼板施工完成后,应移交下一道工序,同时拆除临边防护钢丝绳。

8)登高设施。同一楼层脚手架底步距向第二步攀登,应在楼层安全通道与脚手架连接处设置歇脚平台,平台不小于 1m×1m,且设置防护栏杆。在歇脚平台上设置垂直爬梯,爬梯踏步间距不大于 40cm。

9)脚手架搭设。一律采用钢管脚手架,钢管应符合 3 号钢技术要求,外径不小于 48mm,壁厚不小于 3.5mm,扣件、螺栓等金属配件质量应符合有关标准要求,无锈蚀、变形、消丝、裂缝等现象。脚手架钢管扣件等必须有产品生产许可证、准用证、合格证等有关证明资料才能用于支架搭设。

10)季节性安全施工。炎热季节除注意常规的安全措施,还应考虑阴雨天气道路保障畅通措施,避免因道路不通畅而影响施工进度。下雨后,登高设施、构件、操作工具、行走道路、有关设备等施工范围应将积水及时清理干净后再正常操作,以防滑跌造成事故。雷雨天气应停止吊装施工。

参 考 文 献

[1] 肖凯成，杨波，杨建林. 装配式混凝土建筑施工技术[M]. 北京：化学工业出版社，2019.

[2] 王翔. 装配式钢结构建筑现场施工细节详解[M]. 北京：化学工业出版社，2017.

[3] 宫海. 装配式混凝土建筑施工技术[M]. 北京：中国建筑工业出版社，2020.

[4] 江苏省住房和城乡建设厅. 装配式建筑技术手册(混凝土结构分册)：施工篇[M]. 北京：中国建筑工业出版社，2021.

[5] 中国建设教育协会，远大住宅工业集团股份有限公司. 预制装配式建筑施工要点集[M]. 北京：中国建筑工业出版社，2018.

[6] 叶浩文. 装配式建筑施工技术指南[M]. 北京：中国建筑工业出版社，2021.

[7] 王鑫，刘立明. 装配式钢结构施工技术与案例分析[M]. 北京：机械工业出版社，2020.